BB
Management

ARBEITSHEFTE FÜHRUNGSPSYCHOLOGIE

Herausgegeben von

Prof. Dr. Ekkehard Crisand, Wilhelmsfeld und
Prof. Dr. Gerhard Raab, Ludwigshafen

Band 59

Soft Skills

Führungsfähigkeiten in Nonprofit-Organisationen entwickeln

von

Prof. Dr. Rüdiger Falk

Fachhochschule Koblenz

Mit 11 Tabellen

Verlag Recht und Wirtschaft GmbH
Frankfurt am Main

Bibliografische Information der Deutschen Nationalbibliothek

Die Deutsche Nationalbibliothek verzeichnet diese Publikation in der Deutschen Nationalbibliografie; detaillierte bibliografische Daten sind im Internet über http://dnb.ddb.de abrufbar.

ISBN: 978-3-8005-7332-5

Druckvorstufe: H&S Team für Fotosatz GmbH, 68775 Ketsch

Druck und Verarbeitung: Wilhelm & Adam, Werbe- u. Verlagsdruck GmbH,
63150 Heusenstamm

Umschlaggestaltung: Rainer Schmitt, 68199 Mannheim

♾ Gedruckt auf säurefreiem, alterungsbeständigem Papier, hergestellt aus chlorfrei gebleichtem Zellstoff (TCF-Norm)

Printed in Germany

Geleitwort

„Sage es mir, und ich vergesse es; zeige es mir, und ich erinnere mich; lass es mich tun, und ich behalte es": Schon der chinesische Philosoph Konfuzius wusste um den Nutzen der Praxis beim Lernen – diesem Prinzip folgen die Seminare in Kooperation mit der Firma Gore, die eine wertvolle Bereicherung der Bildungsarbeit der Deutschen Jugendfeuerwehr darstellen.

Während in der ersten Phase zunächst das Thema „Teamfähig sein – Konflikte knacken" auf dem Programm stand, sind nun die Angebote ausgeweitet worden. Die rund 17.000 Führungskräfte der Jugendfeuerwehren in Deutschland können sich hierbei in den Bereichen „Kommunikation/ Rhetorik", „Teamentwicklung" und „Präsentationstechnik" weiterbilden.

Die hierbei erworbenen Kenntnisse nutzen nicht nur in der Arbeit der Jugendfeuerwehren vor Ort; die ehrenamtlichen Feuerwehrangehörigen können ihr Wissen auch in ihrem Alltag verwenden. Die Menschen, die das „System der helfenden Hände" in der Gesellschaft aufrechterhalten, haben somit einen doppelten Nutzen von den für sie kostenfreien Trainings. Dies zeigt sich nicht zuletzt in den überaus positiven Rückmeldungen, die es von zufriedenen Teilnehmerinnen und Teilnehmern gibt.

Die Seminare sind damit ein gutes Beispiel für die Verknüpfung von Bürgerschaftlichem Engagement und aktivem Unternehmenseinsatz. Mögen sich auch in Zukunft die gemeinsamen Ziele der Deutschen Jugendfeuerwehr und Gore – die Vermittlung von fachlichem Wissen und sozialer Kompetenz – realisieren lassen!

Berlin, im Oktober 2006

Hans-Peter Kröger
Präsident Deutscher Feuerwehrverband

Vorwort

Soft Skills – Personalentwicklung in Nonprofit-Organisation betrachtet die bisher wenig beachtete Qualifizierung für Führungstätigkeiten im Ehrenamt. Dies mag daran liegen, dass freiwillige Tätigkeiten von vielen als Gegenkonzept zur Arbeitswelt gesehen werden. Allerdings entspricht diese vereinfachte Sichtweise von Beruf auf der einen und Freizeit auf der anderen Seite längst nicht mehr den Tatsachen. Ehrenamtliches Engagement trägt ebenso oft zur Positionierung des Einzelnen in der Gesellschaft bei wie der Beruf, sichert teilweise den Lebensunterhalt und ist Ausgangspunkt beruflicher Tätigkeiten. Viele Berufsfeuerwehrleute haben ihre Wurzeln in der Jugendfeuerwehr, wo ihr Interesse für diesen Beruf geweckt wurde.

Auch spielt freiwilliges Engagement in der Wirtschaft eine immer größere Rolle. Ehrenamtliche Tätigkeiten haben neben Schule und Studium bei der Personalauswahl fast immer Bedeutung. Keiner wird ernsthaft bestreiten, dass für das Leiten einer Jugendgruppe und das einer Arbeitsgruppe ähnliche Kompetenzen notwendig sind. Viele Unternehmen erwarten zudem insbesondere von ihren Führungskräften auch Engagement in sozialen Bereichen.

Es gibt also zahlreiche Austauschprozesse zwischen ehrenamtlichem und beruflichem Engagement. Unbestritten benötigen daher Führungskräfte in Nonprofit-Organisationen auch Führungswissen. Die notwendigen Trainings können allerdings nicht immer aus den zur Verfügung stehenden Mitteln finanziert werden. Daher ist es besonders zu begrüßen, dass die Firma W. L. Gore & Associates GmbH über sechs Jahre ein Konzept gesponsert hat, mit dem die Führungskräfte der Deutschen Jugendfeuerwehr auf ihre vielfältigen Führungsanforderungen vorbereitet wurden.

Dies ist auch ein Beispiel gelebter *Corporate Social Responsibility*. Der Dank gilt daher allen Entscheidern bei W. L. Gore & Associates, die nicht nur erhebliche finanzielle Mittel zur Verfügung gestellt, sondern auch ihr „Know-How" bei der Seminarplanung und Öffentlichkeitsarbeit eingebracht haben. Es wäre jedoch nicht möglich gewesen, die Seminare so zielgerichtet zu konzipieren und die Führungskräfte der Jugendfeuerwehr zur Teilnahme zu animieren ohne die vielfältige Unterstützung zahlreicher ehren- und hauptamtlich Tätiger bei der Deutschen Jugendfeuerwehr. Der Dank gilt auch den Trainerinnen und Trainern, die es verstanden haben, jedes Seminar zu einem Erlebnis zu machen. Und letztlich ist den Teilnehmerinnen und Teilnehmern zu danken, die es in ihrer Freizeit auf sich genommen haben, oft lange Strecken nach Bonn zu fahren, um *Soft Skills* zu erwerben.

Alle diese Menschen haben es verstanden, die Seminarreihe zu einem Erfolg zu machen. Damit die Ansätze und Ergebnisse dieser Seminare nicht verloren gehen, dafür ist diese Publikation gedacht. Ganz persönlich möchte ich den Herausgebern *Prof. Ekkehard Crisand* und *Prof. Dr. Gerhard Raab* danken, dass sie den Mut und die Innovationskraft hatten, dieses Thema in ihre renommierte Reihe Führungspsychologie aufzunehmen. Damit wird erstmals ein Arbeitsheft integriert, das sich speziell dem „Dritten Sektor" zuwendet, jenem Sektor, in dem viele wichtige Arbeitsmöglichkeiten der Zukunft sehen.

Koblenz, im Januar 2007

Rüdiger Falk

Inhaltsverzeichnis

1. Führungskompetenz entwickeln

Die Veränderungen von Gesellschaft, Wirtschaft, Arbeits- und Finanzmärkten stehen im Zeichen von Globalisierung und zunehmender internationaler Verflechtung. In der Arbeits- und Berufswelt stellt man sich seit Jahren auf diese neuen Herausforderungen ein. Kürzere Innovationszyklen, die wachsende Bedeutung von Wissen oder das Eindringen von neuen Technologien in den Alltag werden durch entsprechende Qualifizierung und Kompetenzbildung erst möglich und die Folgen hierdurch abgefedert.

Den Erwerbstätigen werden immer mehr Flexibilität, regionale Mobilität, Risikobereitschaft und Eigeninitiative abverlangt. Der Sozialstaat steht zurzeit vor einem Umbau, dessen Folgen unübersehbar sind. Insbesondere die so genannten Nonprofit-Organisationen, kurz NPO, sind hiervon in hohem Maße betroffen. Hierbei steht vor allem die Ökonomisierung dieses Bereichs im Vordergrund – also genau die Umkehrung des Grundgedankens der Nichtprofitabilität.

Der Grund liegt darin, dass in dieser Branche ein Wachstumsmarkt gesehen wird, der noch erhebliche Reserven hat. Eine Umsatzrentabilität von 8,9% bei den Nonprofit-Organisationen fordert geradezu nach einer wirtschaftlichen Durchdringung. Denn damit liegen nach einer Studie von Ernst & Young aus dem Jahr 2003 die NPO auf Rang 8 der Umsatzrentabilitätshitliste der Fortune 500 Branchen in den USA.[1]

Allein diese Betrachtung zeigt, dass sich die ökonomischen Rahmenbedingungen derzeit ganz erheblich für die NPO ändern. Es ist evident, dass derartige Veränderungen nicht ohne Auswirkungen auf die Anforderungen, Kompetenzen und Zusammensetzung des dort beschäftigten Personals bleiben. Im Fokus der Mehrzahl der Betrachtungen steht hierbei das professionalisierte oder hauptamtliche Personal. Dieses wird zunehmend denselben Ansprüchen genügen müssen wie das Personal in der gewerblichen Wirtschaft. Diese Beschäftigten müssen die Veränderungsprozesse gestalten, erhalten vergleichbare Vergütungen und müssen sich weiterentwickeln. Umfassendes Fachwissen ist durch eine entsprechende Sensibilität im Umgang mit Menschen und ihren Problemen zu ergänzen.[2]

---

1 *Maßmann* (2004), S. 87 f.

2 *Tiemann* (2004), S. 15

Diese Anforderungen führen dazu, dass sowohl die Mitarbeiter- als auch die Unternehmensführung professionalisiert werden müssen. Ähnlich wie kommerzielle sind auch soziale Organisationen gezwungen, im Wettbewerb zu bestehen und mit der Verknappung der Mittel umzugehen. Hierzu müssen sie ihre Prozesse optimieren, ihre Servicequalität verbessern, Prioritäten setzen und sich ein deutliches Profil geben. Die Forderung danach, soziale Unternehmen als ‚Center of Excellence' zu verstehen, unterstreicht dies. Als ‚Benchmarks' dienen Unternehmen wie SAP, 3M, W. L. Gore & Associates oder Hewlett Packard, die als Weltmeister der Produkt-, Dienstleistungs- und Prozessoptimierung gelten.[3]

Trotz ähnlicher Aufgabenstellung und Rahmenbedingungen gibt es zwischen gewinnorientierten und sozialen Betrieben wichtige Unterschiede. Diese spiegeln sich vor allem in der differenzierten Unternehmens- und Personalführung bei kommerziellen und sozialen Organisationen wider. Die Unternehmensziele orientieren sich nicht an der Gewinnoptimierung, sondern an dem Erreichen sozialer Ziele. Die Frage ist, wie sich dies auf die Personalführung und Personalentwicklung auswirkt.

Auf der operativen Ebene sind auf den ersten Blick keine gravierenden Unterschiede zu entdecken. Viele Prinzipien der Personalführung lassen sich übertragen: Sinn- und Visionsvermittlung, Transparenz durch Information und Kommunikation, Autonomie und Partizipation oder Lob und Kritik, um nur einige zu nennen.[4]

Unterschiede zeigen sich erst dann, wenn man die Struktur der Tätigen näher betrachtet. Vereinfachend wird oft eine Analogie zwischen Erwerbstätigen in kommerziellen und sozialen Betrieben unterstellt. Dieses mag vielfach auch berechtigt sein. Das Problem liegt aber darin, dass bei vielen NPO die Erwerbstätigen eine Minderheit an allen Tätigen ausmachen. Geringfügige Beschäftigungsverhältnisse, Zivildienstleistende und insbesondere freiwillig Tätige bilden in der Regel in vielen NPO-Bereichen die Mehrzahl der dort Engagierten. Diese Struktur stellt eine Besonderheit dieses Bereichs dar und ist die spezifische Herausforderung für Personalführung und ‚Human Resource Management'.

Viele Nonprofit-Organisationen sind eben genau durch das Zusammenwirken von professionellem und ehrenamtlichem Personal gekennzeichnet. Freiwillige Rettungssanitäter unterstützen hauptberufliche Rettungsassistenten in der Notfallversorgung, Krankenpflegehelferinnen entlasten unentgeltlich Krankenschwestern und Krankenpfleger oder Jugendleiter

3 *Frey/Peus/Jonas* (2004), S. 27 f.
4 *Frey/Peus/Jonas* (2004), S. 30 ff.

trainieren Kinder und Jugendliche im Sport. Es lassen sich noch zahlreiche Beispiele aufzeigen, anhand derer deutlich wird, dass erst aus dem Zusammenwirken von hauptberuflichem Personal und Ehrenamt überhaupt eine gesellschaftliche Leistung zu bezahlbaren Kosten möglich ist. Dabei ist die Grenze zwischen professionellen und freiwilligen Tätigen oft unscharf und Übergänge sind möglich.

Am Beispiel der Feuerwehren wird dieses Zusammenspiel besonders deutlich. Freiwillige Feuerwehren, Berufs- und Werksfeuerwehren sind mit unterschiedlichen Schwerpunkten im selben gesellschaftlichen Bereich tätig. Das Ehrenamt ist integraler Bestandteil der Feuerwehrorganisation; ohne ehrenamtlich Tätige wäre dieser gesellschaftliche Bereich nicht zu gestalten und erst recht nicht zu finanzieren. Trotz des gesellschaftlichen Konsens über die Bedeutung und Funktion des „Ehrenamts“, von der UNO wurde das Jahr 2001 zum Jahr des Ehrenamtes ausgerufen, sind die mit dem Ehrenamt verbundenen Aufgaben und Probleme erst ansatzweise gelöst. Dieses betrifft insbesondere die Kompetenzentwicklung bei den Freiwilligen.

Freiwillig Engagierte übernehmen oft, häufig sogar durch Satzungen vorgeschrieben, Führungsaufgaben in den NPO. Daher wird seit Jahren der Frage nachgegangen, ob und wie die ehrenamtlichen Führungskräfte auf ihre Aufgaben vorbereitet werden. Denn unstrittig haben diese Menschen vergleichbare Anforderungen zu erfüllen wie ihre professionellen Kollegen.

Am Beispiel der Jugendfeuerwehr lässt sich dies verdeutlichen: Führungskräfte in der Jugendfeuerwehr müssen Jugendgruppen führen können und ihre Fachaufgabe, beispielsweise als Führer eines Löschzuges erfüllen. Sie müssen menschliche und fachliche Vorbilder sein, um ein Klima des Vertrauens zu schaffen. Ob sich Kinder und Jugendliche für eine freiwillige Tätigkeit bei den Feuerwehren begeistern lassen, hängt in hohem Maße davon ab, ob ihre Jugendleiter selbst begeistert sind. Neben der intrinsischen Motivation müssen diese Führungspersonen auch über das entsprechende soziale Werkzeug, eben Soft Skills verfügen.

Die Frage ist daher, ob und wo ehrenamtliche Führungskräfte neben ihrem Fachwissen die zweite Führungsdimension, die ebenso notwendigen Soft Skills erlernen. Sicherlich werden solche Führungsqualifikationen auch in der Ausbildung zum Jugendleiter oder weiteren Qualifizierungsmaßnahmen vermittelt. Viele werden auch aus ihrer beruflichen Welt entsprechende Kenntnisse mitbringen, jedoch in geplanter und auf die Belange der Jugendfeuerwehr zugeschnittener Form gab es diese Angebote bisher nicht.

Um diese Lücke zu füllen, starteten die W. L. Gore & Associates GmbH in Putzbrunn bei München und die Deutsche Jugendfeuerwehr Ende 1998/99 ein Projekt „Neue Wege gehen – Partnerschaft baut Brücken". Diese Partnerschaft war auf zunächst drei Jahre festgelegt. In ihrem Mittelpunkt stand der Ausbau des Fortbildungsangebots für Führungskräfte der DJF. Es wurde ein spezieller Seminartyp konzipiert „Teamfähig sein – Konflikte knacken", der in Zusammenarbeit mit einem Münchener Psychologen angeboten wurde. Nach dem erfolgreichen Start wurde ab dem Jahr 2003 das Seminarangebot erweitert, indem drei unterschiedliche Seminartypen angeboten wurden und die Zahl der angesprochenen Führungskräfte deutlich vergrößert wurde.

Für das Unternehmen W. L. Gore & Associates GmbH zählen diese Aktivitäten zum Sozialsponsoring als Teil des Marketings. Man kann es auch als eine Art des ‚Social Marketings' verstehen. *Social Marketing* bedeutet, eine gesellschaftlich akzeptierte Idee an die jeweilige Zielgruppe heranzubringen.[5] Das Sponsoring der Qualifizierung von Führungskräften der Jugendfeuerwehr ist eine solche gesellschaftlich akzeptierte Idee.

Deutlich ist auch zu sagen, dass es sich um Sponsoring und nicht Mäzenatentum handelt. Für die Finanzierung der Seminare, die begleitende wissenschaftliche Betreuung und die Öffentlichkeitsarbeit werden Gegenleistungen erwartet. Diese sind ein noch höherer positiver Bekanntheitsgrad der GORE-TEX® Funktionstextilien und ein positiver Imagetransfer für das Unternehmen. Auch die übrigen Kriterien eines Sponsorings werden erfüllt: offenes Geben und Nehmen, Langfristigkeit und Dauerhaftigkeit, was bei einer Förderdauer von sieben Jahren unstrittig ist sowie ein konzeptionelles Vorgehen.[6]

Hiermit haben beide Partner Neuland in der Zusammenarbeit einer Nonprofit-Organisation mit einem kommerziellen Unternehmen betreten; sowohl was die Form als auch das Objekt des Sponsorings angeht. Daher ist es wichtig, dieses Beispiel einer funktionierenden Kooperation dahingehend näher zu untersuchen, ob auch andere Nonprofit-Organisationen eine solche Partnerschaft zur Verbesserung der Kompetenzen ihrer freiwilligen Mitglieder eingehen sollten. Die Erfahrungen aus den Seminaren geben wertvolle Hinweise, wie gerade bei der großen Gruppe der ehrenamtlichen Führungskräfte Soft Skills entwickelt werden können, ohne die Führung auf Dauer kaum möglich ist.

---

5 *Kotler/Armstrong* (1999), pp. 243 f.

6 Kriterien in Anlehnung an *Freyer* (2003), S. 499 f.

2. Soft Skills in NPO

Es ist altbekannt: Um berufliche Leistung erbringen zu können, bedarf es Können, Wollen und Dürfen. Das Können beziehungsweise die Profession wird in Aus- und Fortbildung erlernt. Die traditionellen Wege, berufliches Können zu erwerben, sind Berufsausbildung und Studium. Was dort erlernt wird, wird gemeinhin als Qualifikationen oder Fachqualifikationen bezeichnet. Diese Qualifikationen werden meist zertifiziert, damit die entsprechenden reglementierten Tätigkeiten auch ausgeführt werden dürfen. Können und Dürfen sind also eng miteinander verknüpft.

Dritte Komponente ist das Wollen. Können und Dürfen führen erst dann zu einer Leistung, wenn die Menschen dieses auch wollen. In der Regel wird dieses Wollen als Aufgabe der Führungskraft angesehen: sie muss Mitarbeiter motivieren, damit diese ihr Können in Leistung umsetzen. *Peter Drucker* sieht in Führung die natürliche, ungezwungene Fähigkeit, Mitarbeiter zu inspirieren.[7]

Viele Jahre leitete dieses Modell das Führungsverhalten in Betrieben. Allerdings zeigt sich in der Praxis ein oft zu beobachtendes Phänomen, das mit diesem Modell kaum zu erklären ist. Offensichtlich sind Menschen mit gleichen Kenntnissen und Fertigkeiten unterschiedlich geeignet, eine bestimmte berufliche Tätigkeit auszuüben. Wie lässt sich dieses erklären? Um diese Unwägbarkeiten zu beschreiben, wurde der Begriff der „Soft Skills“ geprägt.

In den letzten Jahren sind zahlreiche Untersuchungen zur Ausprägung und Entwicklung beruflicher Kompetenzen durchgeführt worden.[8] Offensichtlich sind derartige Kompetenzen auch außerhalb des Berufs nützlich und wichtig. Insbesondere dann, wenn es sich um Tätigkeiten handelt, die ähnliche Anforderungen stellen: Fachwissen, Umgang mit Menschen, schnelles Entscheiden und Handeln. Unstrittig ist, dass gerade bei Rettungsdiensten und Feuerwehren diese Anforderungen immer vorhanden sind. Man kann hier durchaus von semiprofessionellen Kompetenzen sprechen, die gefordert werden.

Aber werden die dort freiwillig Engagierten auch entsprechend auf diese Anforderungen vorbereitet? Erlernen sie neben den notwendigen fach-

7 *Stroebe* (2006), S. 11 ff.

8 vgl. hierzu bspw. die Schriften der Arbeitsgemeinschaft Qualifikations-Entwicklungs-Management Berlin (QUEM)

lichen Qualifikationen auch die Soft Skills, die sie dort benötigen? Gerade Führungskräfte sind stark gefordert: der Kommandant eines Löschzuges, der schnell entscheiden und seine Feuerwehrleute anweisen muss, muss über Teamfähigkeit ebenso verfügen wie über Kommunikationsfähigkeit. Der Leiter einer Jugendgruppe der Jugendfeuerwehr muss junge Menschen begeistern können, sie motivieren und Konflikte lösen. Der Kreisjugendfeuerwehrwart muss sein Anliegen im Gemeinderat rhetorisch gekonnt und visuell ansprechend präsentieren können.

Diese Beispiele lassen sich fast beliebig fortsetzen. Hinsichtlich der Anforderungen wird auch kaum Dissens bestehen. Aber wie werden diese freiwilligen, ehrenamtlich tätigen Personen auf diese Anforderungen vorbereitet? Die Firma W. L. Gore & Associates hat sich entschlossen, verschiedene Qualifizierungsseminare zur Förderung der Soft Skills im Rahmen eines Sozialsponsorings bei der Deutschen Jugendfeuerwehr zu fördern. Es wird im Folgenden gezeigt, dass hiermit eine Lücke im bestehenden Qualifizierungsangebot geschlossen werden konnte. Die Ergebnisse zu diesen Seminaren liegen nach sechs Jahren jetzt vor und es lohnt sich daher, das Thema Soft Skills insbesondere für freiwillig Engagierte ausführlicher zu betrachten.

2.1 Soft Skills

Bei fast jeder Bewerbung wird darauf Wert gelegt, dass neben den fachlichen Voraussetzungen auch die sozialen und persönlichen Skills stimmig sind. In Stellenanzeigen werden immer wieder auch „Soft Skills“ von den Bewerberinnen und Bewerbern verlangt. Oft werden einzelne Skills hervorgehoben: Kommunikationsfähigkeit, Freundlichkeit, Eloquenz oder soziale Kompetenz. Augenscheinlich sind diese Faktoren wichtig, doch Einigkeit darüber, was eigentlich diese Skills sind, wie sie zu ordnen und einzuordnen sind gibt es nicht. Ein Beispiel des Beratungsunternehmens *Deloitte*. (s. Tabelle 1) [9]

9 Quelle: http://careers.deloitte.com/students_advdegree.aspx?CountryContentID=8262

Tab. 1: Soft Skills in Bewerbungsverfahren

Ihre Persönlichkeit Gute Noten und umfangreiches Fachwissen bilden die Basis, reichen allein aber nicht aus, um die vielfältigen Aufgabenstellungen zu lösen. Erst die Kombination von Business und Soft Skills macht einen konstruktiven Austausch mit Kollegen und Mandanten möglich. Gefordert sind daher neben fundierten theoretischen Kenntnissen auch: • Kommunikationsstärke • Teamfähigkeit • Besonderes Fingerspitzengefühl im Umgang mit Kunden • Analytische Fähigkeiten • Mobilität und Reisebereitschaft • Hohe Einsatz- und Lernbereitschaft

Bei so viel Uneinheitlichkeit ist daher zunächst einmal zu klären, was eigentlich „Soft Skills" sind. Sind sie genetisch bedingt, quasi angeboren oder können sie erlernt werden? Die Frage ist generell kaum zu beantworten, da es weder eine einheitliche Definition von Kompetenz noch von Skills gibt. Betrachtet man einige Definitionen, so werden zumindest die Unterschiede deutlich. Übersetzt man Skills wörtlich, so bedeutet dies „Fertigkeiten", der „skilled worker" ist der Facharbeiter, der sich vom unqualifizierten Arbeiter durch festgelegte Qualifikationen unterscheidet.

In der Regel fehlen daher Soft Skills moralische und ethische Bewertungen, wie sie in der Sozialkompetenz in Form von Tugenden vorkommen: zum Beispiel gute oder schlechte Erziehung.

2.1.1 Was sind Soft Skills?

Nach einer älteren Definition sind Skills eine Erscheinung von Behaglichkeit, von der Sanftheit der Bewegung, von Vertrauen und dem vergleichsweise Fehlen von Zögern; sie geben häufig den Eindruck, dass die Menschen nicht in Eile sind, obwohl das Tempo der Arbeit vergleichsweise hoch sein kann. Die Verbesserung von Skills schafft die Möglichkeit, mit weitaus mehr Störungen zu Recht zu kommen, ohne die eigene Leistungsfähigkeit einzuschränken.[10] So allgemein gesehen gibt es viele Formen

10 *Borger/Seaborne* (1966), p. 128 f.

von Skills: kognitive, sprachliche, soziale und zwischenmenschliche. In diesem Verständnis handelt es sich sowohl um Persönlichkeitseigenschaften als auch um erlernbare Qualifikationen.

Vor allem in der angloamerikanischen Literatur sind zahlreiche Versuche unternommen worden, Skills zu definieren und zu kategorisieren. In der Pädagogik bekannt sind die Taxonomien, beispielsweise Bloom's Taxonomie der kognitiven Skills von 1956. In sechs Stufen werden diese Fähigkeiten gegliedert: (1) Wissen, (2) Verstehen, (3) Anwenden, (4) Analyse, (5) Synthese und (6) Evaluation oder Bewertung.[11]

Tab. 2: Für Erfolgsfaktoren am häufigsten genannte Fähigkeiten nach BCG[12]

Kernfähigkeiten „Soft Skills"	**Wichtige Anforderung**	**Entscheidende Anforderung**	**Gesamte Anforderung**
Strategisches, vernetztes Denken	40 %	24%	64%
Ergebnisorientierung	50%	13%	63%
Unternehmerisches Denken	42%	15%	57%
Überzeugungskraft	44%	13%	57%
Analytisches Denken	40%	15%	55%
Urteils-/Entscheidungsfähigkeit	43%	11%	54%
Kreativität	33%	15%	48%
Beziehungsmanagement	30%	17%	47%
Kooperationsfähigkeit	32%	9%	41%
Anpassungswille/Veränderungsfähigkeit	29%	9%	38%

Zu einer anderen Beschreibung der Soft Skills kommt eine Studie der Boston Consulting Group, die auf rund 75 Interviews von Führungskräf-

11 zitiert nach *Baerdwell/Holden* (2001), p. 287
12 The *Boston Consulting Group* (2002), S. 16

ten basiert. Viele kommunikative und soziale Kompetenzen werden als Grundvoraussetzungen für den Erfolg im Beruf bezeichnet. Die Prozentangaben bedeuten, auf wie vielen Positionen die entsprechende Fähigkeit verlangt wird. (s. Tabelle 2)

Die unterschiedlichen Beschreibungen zeigen, dass es schwer fällt, das Unbestimmte zu erfassen, das die Verhaltensunterschiede zwischen Menschen vor allem im Beruf ausmacht. Während die „Hard Skills" meist in fester Form beschrieben werden können, herrschen nur vage Vorstellungen über das, was „Soft Skills" ausmacht.

2.1.2 Kategorisierung von Soft Skills

Soft Skills sind nach allgemeinem Verständnis ein Teil der Kompetenzen, die ein Mensch im Verlauf seines Lebens erwirbt. Erstaunlich ist, dass trotz dieser unklaren und uneinheitlichen Vorstellungen die Soft Skills eine hohe Bedeutung bei der Potenzialeinschätzung haben. Viele Unternehmen versuchen, durch *Assessment Center-Verfahren* Ausprägungen der unterschiedlichen Soft Skills bei Bewerbern und Beschäftigten festzustellen. Mangels klarer Vorstellungen darüber, was eigentlich Soft Skills sind, werden dann Referenzdokumente zugrunde gelegt, in denen beschrieben ist, welches Verhalten erwartet beziehungsweise als besonders förderlich für die Situation angesehen wird. Erfahrungswerte ersetzen damit zumindest teilweise eine fundierte und in sich homogene Definition von Soft Skills.

Dieser Eindruck ändert sich auch nicht, wenn man die einschlägige Literatur zu Rate zieht. Was dort als Soft Skills definiert oder beschrieben wird, ist in der Regel inhomogen. Unter dem Titel „Soft Skills" firmieren die unterschiedlichsten methodischen und prozeduralen Fähigkeiten wie beispielsweise die Denk-, Ausdrucks- oder Redegestaltungsfähigkeit.[13] Es finden sich auch ähnliche oder synonyme Begriffe: In der Qualifikationsforschung wurden hierzu Begriffe wie „extrafunktionale" oder „überfachliche Qualifikationen" eingeführt. Diese Diskussion verwirrt also eher als dass sie aufhellt.

Erstmals verbreitet wurden Teile der Soft Skills in den 1970er Jahren als „Schlüsselqualifikationen" diskutiert. Unter Schlüsselqualifikationen werden mal Persönlichkeitsmerkmale, mal methodische und didaktische Fähigkeiten, mal der Charakter einer Person oder auch nur die Kulturtechniken Rechnen, Schreiben und Lesen verstanden. Schlüsselqualifika-

13 *Lichtenberger* (1999), S. 288 ff.

tionen sind etwas Unwägbares, kaum fassbares, das außerhalb formaler Qualifikationen liegt. Diese Beschreibungen sind zumindest ungenau, da Schlüsselqualifikationen sich auf eine Metaebene beziehen, die erst das Aneignen von Wissen ermöglicht.

Oft werden synonym auch die Begriffe soziale Kompetenz beziehungsweise Sozialkompetenz verwandt. Soziale Kompetenz schließt die methodischen Fähigkeiten nicht mit ein. Übersetzt man Soft Skills mit überfachliche oder extrafunktionale Qualifikationen, so würde dies bedeuten, dass hiermit nur die Arbeitswelt gemeint ist. Solche Qualifikationen dienen der Abgrenzung zu den Fachqualifikationen.[14]

Und so bleibt als kleinster gemeinsamer Nenner: Für jede berufliche Tätigkeit sind bestimmte Fachqualifikationen und weitergehende persönliche Kompetenzen notwendig. Allerdings ist eine solche weite Beschreibung nicht geeignet, um hieraus Führungshandeln abzuleiten. Um mit dem Begriff Soft Skills umgehen zu können und diese „Skills" für Organisationen nutzbar zu machen, lassen sich die vielen Umschreibungen der Soft Skills zwei Gruppen zuordnen:

Psychologische oder soziale Skills: Dies sind menschliche Eigenschaften, Fähigkeiten oder Persönlichkeitszüge wie Stressresistenz, emotionale Stabilität, freundliches Wesen usw. Gerne wird hierzu das „Triple C" aus Charakter, Charme und Charisma bemüht. Sie finden sich in der Führungspsychologie in den bekannten „Big Five" wieder: Neurotizismus (emotionale Stabilität, Disziplin), Extraversion (beispielsweise Selbstständigkeit, Humor, Witz, Schlagfertigkeit), Offenheit für Erfahrungen (Kultur, Intellekt, Motivation, Toleranz), Verträglichkeit (Nachsicht, Soziabilität, Einfühlungsvermögen, Bindungsfähigkeit, Geduld, Liebenswürdigkeit, Höflichkeit, Freundlichkeit und Umgangsformen, Gastfreundschaft, Hilfsbereitschaft) und Gewissenhaftigkeit.[15] Es handelt sich weitgehend um Charaktermerkmale, die kaum zu erlernen sind.

Methodische und prozessorientierte Skills: Viele Publikationen zu den Soft Skills meinen ausschließlich sprachliche Kompetenz, Rhetorik und Medienumgang, Kommunikation und Präsentation oder Zeitmanagement. Diese Soft Skills sind in der Regel zu erlernen.

Um bei der Vielfalt an Beschreibungen keine Begriffskonfusion aufkommen zu lassen, sollen auch jene Merkmale genannt werden, die nicht zu

---

14 vgl. bspw. die Darstellung bei *Bullinger/Mytzek/Zeller* (2004)
15 vgl. die Entwicklung bspw. bei *Hossiep/Mühlhaus* (2005), S. 20 ff.

den eigentlichen Soft Skills gehören. Diese sind die teilweise hinzugerechneten äußeren Merkmale wie Stil, Kleidung, Auftreten.

Für die Personalentwicklung, unabhängig davon, ob diese in kommerziellen Unternehmen oder sozialen Organisationen stattfindet, kommen nur jene Soft Skills in Betracht, die auch verändert werden können. Damit scheiden Merkmale wie Charakter, Charme und Charisma weitgehend aus, denn es sind Persönlichkeitseigenschaften, die kaum erlernt werden können. Vermittelt werden können dagegen methodische Soft Skills, sofern sie im Rahmen eines übergreifenden Kompetenzprofils notwendig sind. Daher gilt es zu klären, welche Kompetenzen von Führungskräften in NPO erwartet werden und wie sie vermittelt werden können.

2.1.3 Schlüsselqualifikationen

Bei dem Begriff „Schlüsselqualifikationen" handelt es sich um einen der ersten Versuche, Bestimmungsgründe für erfolgreiches berufliches Handeln auch außerhalb von fachlichem Können zu suchen. Der Auslöser lag im technischen Wandel, den Veränderungen der Arbeitsorganisation und dem Wechsel von immer mehr Menschen in andere Tätigkeiten, so dass ergänzende Berufsqualifikationen notwendig wurden. Schlüsselqualifikationen sollten den einzelnen dazu befähigen, dass er diese Herausforderungen erfolgreich bestehen konnte.

Eine breite Diskussion um die Schlüsselqualifikationen leitete Anfang der 1970er Jahren *Mertens* ein. In Anlehnung an den multidimensionalen Qualifikationsbegriff von EDDING setzte er sich im Rahmen der beruflichen Flexibilitätsforschung hiermit auseinander. Um Menschen verschiedene berufliche Möglichkeiten zu eröffnen, die zur Wahrung ihrer Neigungen, Interessen und Vorstellungen notwendig sind, ging *Mertens* davon aus, dass neben den funktionalen auch übergreifende, extrafunktionale Qualifikationen vermittelt werden müssen. Diese Schlüsselqualifikationen unterteilte er in drei Dimensionen:[16]

Materiale Kenntnisse und Fertigkeiten (Das Allgemeine): Kenntnisse und Fertigkeiten mit großer Breitenwirkung, mit hoher Zukunftserwartung und solche mit erheblicher Dauerhaftigkeit.

Formale Fähigkeiten (Das Selbstständige): Selbstständiges Handeln, anwendungsbezogenes Denken und Handeln, selbstständiges Lernen, Transferfähigkeit.

---

16 *Mertens* (1974), S. 36-43; vgl. auch MittAB 2 (1991), S. 369 ff; *Bunk* (1981), S. 257

Personale Verhaltensweisen (Das Menschliche): Individuelle und soziale Verhaltensweisen, Arbeitsverhalten, sittliche Verhaltensweisen.

Dieses Konzept der Schlüsselqualifikationen ist seit seiner Einführung immer wieder kritisiert worden. Kritik wird an den unklaren Definitionen, der fehlenden theoretischen Begründung einzelner Schlüsselqualifikationen sowie der willkürlichen Zusammenstellung von Katalogen geübt.

Weil Schlüsselqualifikationen trotz aller Kritik eine unbestrittene Bedeutung für die berufliche Tätigkeit haben, gewinnen sie immer mehr an Gewicht. Insbesondere in beruflichen Prüfungen sollen zunehmend die Schlüsselqualifikationen neben den Fachqualifikationen geprüft werden. Hierzu ist es unerlässlich, die Schlüsselqualifikationen zu präzisieren und zu operationalisieren.

Wie dieses gehen kann, zeigen die entsprechenden Konzepte in den angelsächsischen Ländern. Hier gibt es seit längerem Erfahrungen damit, Schlüsselqualifikationen zu präzisieren und zu prüfen. Die Benennung, die Anzahl und die Art der Elemente unterscheiden sich bei: Core Skills, Basic Skills, Key Competencies oder Competencies and Foundation Skills.[17] In den verschiedenen Katalogen zu den Schlüsselqualifikationen zeigt sich jedoch eine beachtliche Übereinstimmung. Eine Zusammenstellung führt zu sieben Schlüsselqualifikationen, die für alle Berufsgruppen relevant sind sowie drei Schlüsselqualifikationen für einzelne Berufsgruppen. (s. Tabelle 3)[18]

---

17 *Reisse/Geb* (1995); vgl. auch *Reisse/Lippitz/Geb* (1997)

18 Der folgende Katalog basiert auf *Reisse* (1995) (Manuskript)

Tab. 3: Ausprägungen von Schlüsselqualifikationen

Schlüsselqualifikation	**Kurzbeschreibung**
Handlungswissen • Verfahrenswissen • Hintergrundwissen	Übergreifendes Wissen, das dem Handeln zugrunde liegt • prozedurales Wissen (wie man es macht) • deklaratives und Systemwissen (warum man es so macht)
Kommunikationsfähigkeit	Auf unterschiedliche Weise miteinander fachlich kommunizieren
Kooperationsfähigkeit	Entsprechend der jeweiligen Situation mit anderen erfolgreich zusammenarbeiten
Lernfähigkeit	Neue Qualifikationen mit verschiedenen Methoden erwerben können
Problemlösungsfähigkeit	Komplexe praktische Probleme lösen, die über Routineaufgaben hinausgehen und neue Wege fordern
Planungs- und Organisationsfähigkeit	Arbeitsabläufe planen und organisieren
Rechnerisch-mathematische Fähigkeiten	Berufliche Aufgaben rechnerisch bzw. mathematisch lösen
Kreativität	Neue, ungewöhnliche Ideen und Problemlösungen entwickeln
Räumliches Vorstellungsvermögen	Reale räumliche Gegebenheiten in Zeichnungen erkennen
Sensumotorische Fähigkeiten	Handgeschick; Zusammenwirken von Wahrnehmung und Motorik

2.2 Kompetenzen und Anforderungen

Die Unterscheidung zwischen Qualifikationen, also auch Schlüsselqualifikationen und Kompetenzen fällt auf den ersten Blick nicht leicht. Allgemein beschreibt eine Qualifikation ein formales Bildungs- und Qualifikationsniveau. Es sind Berufsbezeichnungen wie Installateur, Bäckermeister oder Arzt, die den Rückschluss auf eine bestimmte Qualifizierung und ein festgelegtes Qualifikationsniveau zulassen. Auch berufliche Teilqualifikationen werden in der Regel zertifiziert: vom „Motorsägenführerschein" bis zum zertifizierten Sicherheitsbeauftragten.

Mit Beginn des neuen Jahrtausends änderte sich diese an Abschlüssen orientierte Betrachtung beruflicher Leistung völlig. Forciert durch die Bildungspolitik der EU wird die Qualifikation als Ziel der Berufsvorbereitung zunehmend durch die Kompetenz abgelöst. Kompetenzen werden als die Fähigkeiten einer Person aufgefasst, im beruflichen Tätigkeitsfeld Arbeiten mit einer solchen Leistungsfähigkeit auszuführen, wie sie dort erwartet wird. Nach allgemeinem Verständnis sind Kompetenzen damit allgemeine intellektuelle Fähigkeiten, die es einer Person ermöglichen, in sehr unterschiedlichen Situationen anspruchsvolle Aufgaben zu meistern. Kompetenz bedeutet im Kern also die Fähigkeit, Wissen, Können, Qualifikationen und Skills auf eine bestimmte Arbeitstätigkeit anzuwenden.[19]

Kompetenz ist damit der übergreifende Begriff, der Qualifikationen beinhaltet. Somit ist die professionelle Kompetenz das bestimmende Element jeder beruflichen Tätigkeit. Im Unterschied zu Qualifikationen ist Kompetenz individuell geprägt und beruht auf einem längeren Erfahrungsweg. Kompetenz zeigt sich im Unterschied zur formalen Qualifikation im Handeln und in der erreichten Leistung. Soft Skills sind in diesem Sinne ein Bestandteil der Kompetenz, die ein Individuum hat.

Allerdings wird auch die Kompetenz von Dritten beurteilt. In seinem Buch „The Peter Principle", in dem er sich mehr mit der Inkompetenz als der Kompetenz auseinander gesetzt hat, definiert *Laurence J. Peter* im Jahr 1969 Kompetenz als *„Fähigkeit eines Beschäftigten, seine Aufgaben innerhalb der Hierarchie zu erfüllen – beurteilt aus dem Blickwinkel seiner Vorgesetzten.*"[20] Kompetenz wird hiernach vom Vorgesetzten in der Hierarchie beurteilt, mit der Folge, dass Inkompetenz nur selten zu Entlassungen führt, während Super-Kompetenz anstößig ist, da sie die Hierarchie gefährdet. Kompetenz ist also nicht eine allgemeine Eigen-

19 *Beardwill/Holden* (2001), p. 284 f.

20 *Peter/Hull* (1972), S. 21 ff.

schaft einer Person, sondern steht immer in Bezug zu einer bestimmten Aufgabe.

Kompetenzen gibt es nicht nur im beruflichen Bereich, sondern sie werden in allen Lebenslagen erworben und angewandt, sind also umfassend.[21] Daher eignet sich der Kompetenzbegriff auch, um die Anforderungen in NPO zu beschreiben, die nicht beruflich, sondern semiprofessionell sind.

Es ist offensichtlich, dass in vielen ehrenamtlichen Tätigkeiten und insbesondere bei der Feuerwehr solche sehr unterschiedlichen Situationen vorkommen. Brandbekämpfung und Rettungsdienst, Jugendleitung oder Verwaltung stellen zahlreiche und unterschiedliche Anforderungen an die freiwilligen Feuerwehrleute. Auch wenn die dort engagierten Personen diese Tätigkeiten in ihrer Freizeit ausüben, müssen sie über die notwendigen Kompetenzen verfügen.

Wenn die Notwendigkeit hoher Kompetenz unstrittig ist, stellt sich dann die Frage, welche Kompetenzen genau benötigt werden und wie diese entwickelt werden können. Die im weitesten Sinne fachlichen Kompetenzen, also die „Hard Skills" werden durch die entsprechenden Ausbildungen und Fortbildungen vermittelt. Doch die Frage ist, ob auch die ebenso unstrittigen „Soft Skills" im Rahmen eines umfassenden Kompetenzerwerbs ausreichend vermittelt werden.

2.2.1 Berufliche Kompetenzen

Die Eingangsfrage ist: „Welche Kompetenzen müssen Führungskräfte eigentlich mitbringen?" Diese Frage ist nicht abschließend zu beantworten, zumal sich die Anforderungen im zeitlichen Ablauf immer wieder ändern. Derzeit beginnt kaum eine Publikation zu Führung oder Management nicht mit dem Hinweis darauf, dass sich durch veränderte Arbeitsstrukturen, Organisationsformen, neue Technologien und Techniken sowie den sozialen und gesellschaftlichen Wertewandel neue Herausforderungen für Führungskräfte stellen. Es ist eine banale Feststellung, dass die veränderte Arbeitswelt zu veränderten Anforderungen geführt hat und immer wieder führen wird.

Die Auswirkungen dieser Veränderungen werden, verstärkt noch durch die Effekte der Globalisierung, relativ einheitlich eingeschätzt: Menschen erhalten im Kontext eines lebenslangen Lernens mehr Eigenverantwortung und Selbstständigkeit für ihre Bildungs- und Arbeitskarrieren. Ein

---

21 vgl. bspw. *Staudt/Kriegesmann* (1999), S. 33 ff.; *Lichtenberger* (1999), S. 288 f.

Begriff wie „Employability" bedeutet, dass Menschen zunehmend selbst dafür Verantwortung tragen, dass sie „beschäftigungsfähig" sind. Sie müssen selbst dafür sorgen, dass sie die gefragten Qualifikationen und Kompetenzen mitbringen. In der Bildungspolitik der EU gewinnen *Employability* und *Adaptability,* worunter die Anpassung der Strukturen und Prozesse der Kompetenzentwicklung selbst verstanden wird, als Zielsetzungen ein immer stärkeres Gewicht.[22]

Doch welche Kompetenzen sind wirklich gefragt? Bereits die ersten Ansätze in Deutschland sahen Kompetenz nicht auf den Beruf und die berufliche Handlungsfähigkeit konzentriert, sondern fassten den Begriff wesentlich weiter. Der Deutsche Bildungsrat forderte bereits 1974, dass integriertes Lernen *„mit der Fachkompetenz zugleich humane und gesellschaftliche Kompetenzen vermitteln"* sollte.[23] Im Vordergrund der emanzipatorisch geprägten Aussagen stand die humane Kompetenz: *„der Lernende sich seiner selbst als eines verantwortlich Handelnden bewusst wird, dass er seinen Lebensplan im mitmenschlichen Zusammenleben selbstständig zu fassen und seinen Ort in Familie, Gesellschaft und Staat richtig zu finden und zu bestimmen vermag."*[24] Kompetenz ist also weit mehr als eine Qualifikation und die Nutzbarmachung für den Beruf, sondern beinhaltet starke soziale und gesellschaftliche Elemente.

Im Verlauf der Diskussion und mit dem Bedeutungsverlust der emanzipatorischen Pädagogik wurde der Kompetenzbegriff immer stärker pragmatisiert. Allerdings führte dies bis heute zu keiner einheitlichen Definition. Oft wird Kompetenz umfassend als *„alle Fähigkeiten, Wissensbestände und Denkmethoden, die ein Mensch in seinem Leben erwirbt und betätigt"*, also als das, *„was ein Mensch wirklich kann und weiß"*[25] aufgefasst.

Kompetenz betont die Fähigkeit zur Selbstorganisation und kann im Unterschied zur Qualifikation sowohl in formellen als auch in informellen Lernprozessen erworben werden. Der Erwerb kann auf unterschiedlichen Wegen und an unterschiedlichen Lernorten erfolgen. Längst treten neben die anerkannten staatlichen Bildungsangebote von Schulen und Hochschulen Formen individuellen, erfahrungsgeleiteten Kompetenzerwerbes.[26] Kompetenzen können vielfältig erworben werden: als formale Qualifikationen

---

22 *Stahl/Angress* (2001), S. 341 f.

23 Deutscher Bildungsrat (1974), S. 49

24 Deutscher Bildungsrat (1974), S. 49

25 *Weinberg* (1996), S. 3; ähnlich *Münch* (1995), S. 11

26 *Meifort* (2005), S. 3

in staatlichen Bildungseinrichtungen, als definierte berufliche Handlungskompetenzen im betrieblichen Erfahrungsraum oder informell, beispielsweise durch *Internet Communities* oder freiwillige Tätigkeiten.

Kompetenzen können daher nur outputorientiert gemessen werden.[27] Mit der Orientierung am Kompetenz- und nicht mehr am Qualifikationsbegriff ist es daher möglich, auch außerhalb des Berufs Kompetenzen zu erwerben, die zu wirklichem Wissen und Können führen.

Nicht nur in der Informations- und Kommunikationstechnik, sondern in vielen Bereichen hat zwischenzeitlich das Lernen im Internet eine erhebliche Bedeutung erlangt. Selbstorganisiertes Lernen erfolgt durch *Online-Communities*, in denen ein themenbezogener Wissensaustausch und eine entsprechende Wissensgenerierung stattfinden. In Weblogs, dies sind diskursorientierte persönliche Publikationssystematiken, wird Wissen kontextualisiert. Auf Wikis, das sind Kooperationsplattformen, kann jeder Wissen einfügen, bearbeiten oder löschen, was Vor- und Nachteil zugleich ist und ein entsprechendes Rechte-Management notwendig macht.

Die Berufsbildungsforschung beschäftigt sich seit einigen Jahren ausgiebig mit diesen Formen des Kompetenzerwerbs für den Beruf. Berufliche Handlungskompetenz soll zu einer nachhaltigen Sicherung der Beschäftigungsfähigkeit beitragen. Da diese Zielsetzung bei freiwilligen Tätigkeiten keine oder nur eine geringe Rolle spielt, gibt es hierfür bisher kaum Überlegungen, wie Kompetenzen dort zu entwickeln sind.

Halten wir also fest: Die Ausprägung und Entwicklung von Führungskompetenzen konzentriert sich bisher fast ausschließlich auf die berufliche Umwelt. Obwohl alle modernen Ansätze umfassend angelegt sind und die gesamte Persönlichkeit der Menschen betrachten, werden die außerbetrieblichen Aktivitäten so gut wie nicht einbezogen. Außerberuflich erworbene Kompetenzen spielen zwar bei Bewerbungsverfahren immer wieder eine Rolle, meist aber nur als Nachweis von Engagement. Eine Betrachtung der Effekte außerbetrieblicher Aktivitäten auf die berufliche Handlungskompetenz dagegen unterbleibt weitgehend.

2.2.2 Kompetenz und Wissensmanagement

Die Diskussion um die Kompetenz wird nicht nur in der Berufsbildung geführt, sondern auch in den Managementlehren. Diese umfassenderen Ansätze beziehen sich nicht nur auf den Beruf, sondern gehen davon aus,

27 *Weiß* (1999), S. 440

dass auch außerbetriebliche Aktivitäten von hoher Bedeutung für die Entwicklung der individuellen Kompetenz sein können. Der Schlüsselbegriff ist Wissensmanagement: Erfahrungswissen, Kompetenzerwerb und Soft Skills werden in lernenden Unternehmen oft im Zusammenhang betrachtet und alle Formen der Kompetenz und des Kompetenzerwerbs einbezogen.[28]

Mit dem Wissensmanagement sollen die noch „ungehobenen Ressourcen" des Wissens im Betrieb besser genutzt und zu einem Wettbewerbsvorteil werden. Das vorhandene Wissen soll verfügbar gemacht und neues Wissen im Unternehmen generiert werden.

Seit im Jahr 1995 *Ikujiro Nonaka* und *Hirotaka Takeuchi* ihre Publikation „The Knowledge-Creating Company" veröffentlicht haben,[29] wurden vielfach Modelle zur Schaffung organisationalen Wissens konzipiert. In den kommerziellen Betrieben entstand hiermit eine völlig neue Betrachtung des Humankapitals, die es so in den NPO noch nicht gibt.

Wie umfassend der Kompetenzbegriff ist, zeigt die Theorie der Wissensentwicklung von *Nonaka* und *Takeuchi* deutlich auf. Die Wissensgenerierung beruht auf der Unterscheidung von explizitem und implizitem Wissen. Das implizite, also nicht verbalisierbare Wissen ist im Individuum lokalisiert. Da sich ihre Theorie mit Organisationen und nicht nur mit Individuen beschäftigt, muss es auch ontologische Unterschiede geben, die durch die Stufen von wissensentwickelnden Einheiten wie Individuum, Gruppe, Organisation und Inter-Organisation erreicht werden. In ihren Überlegungen spielt auch der über die Unternehmenskultur hinausgehende generelle kulturelle Kontext eine wichtige Rolle. Vor allem die Gesellschaft, in der ein Individuum lebt, ist demnach entscheidend für die Entwicklung und Bewertung seiner Kompetenzen. Auch nach der Theorie des Wissensmanagements wäre es eine unzulässige Einengung, Kompetenzen und Soft Skills nur auf den Bereich der Erwerbstätigkeit zu beziehen.

2.2.3 Handlungskompetenz: Mehr als eine Qualifikation

Um die Bedeutung von Kompetenzen und Soft Skills zu verdeutlichen, eignet sich insbesondere die Abgrenzung zu Qualifikationen. Qualifikationen werden in der Regel in formalen Bildungsmaßnahmen vermittelt und durch eine Abschlussprüfung nachgewiesen.

---

28 *Schemme* (2005), S. 88 ff.

29 *Nonaka/Takeuchi* (1997)

Dagegen bedeutet Kompetenz die tatsächliche Befähigung zur Bewältigung von Handlungssituationen. Wenn in der Berufsbildung von Kompetenz die Rede ist, ist damit in aller Regel die Handlungskompetenz gemeint. Um sich darüber klar zu werden, was ein Mensch benötigt, um eine bestimmte Aufgabe fach- und sachgerecht ausführen zu können, wurden zahlreiche Studien zur Handlungskompetenz angestellt. Denn angesichts immer komplexer werdender Arbeitsverrichtungen reicht das klassische fachliche Wissen und Können allein oft nicht mehr aus.

Die erste Frage, die man sich dabei stellt lautet: Wie kann Handlungskompetenz eigentlich erlernt werden? Denn es ist offensichtlich, dass Auswendiglernen, Faktenlernen oder auch Prüfungen nach dem Multiple-Choice Prinzip nicht dazu geeignet sind, Handlungskompetenz zu fördern und zu prüfen. Um Methoden zur Förderung der Handlungskompetenz zu entwickeln, wurde daher in den 1990er Jahren umfassend zum dezentralen, auftragsorientierten und entdeckendem Lernen vor allem in der Berufsausbildung geforscht.[30]

Im Rahmen dieser Forschungen erlebte das oft verpönte Lernen am Arbeitsplatz eine Renaissance. Allerdings ergaben sich gegenüber der klassischen Beistell-Lehre wichtige Änderungen. So liegt die Pointe entdeckenden Lernens darin, aus Fehlern zu lernen. „Nur aus Fehlern wird man klug“ kann als Leitspruch des entdeckenden Lernens gelten. Während beim Qualifikationserwerb Einzeltätigkeiten trainiert werden, wird beim entdeckenden Lernen anhand gut dosierter, komplexer Aufgabenstellungen in möglichst realem Zusammenhang gelernt. Damit können benachbarte Probleme in die Aufgabenstellungen einbezogen werden und die Theorie wird nachträglich als „Summe der Erfahrungen“ gebildet.[31]

Die Handlungskompetenz ersetzt als Ziel beruflicher Bildung bis heute nach und nach die klassische Qualifikation. Denn in einer sich schnell und oft auch umfassend verändernden beruflichen Umwelt ist die Anwendungsdauer von Qualifikationen oft kurz. Wer kann heute noch etwas mit den Informatikkenntnissen von vor zehn Jahren anfangen? Insofern gilt es Menschen dafür kompetent zu machen, mit neuen und unbekannten beruflichen Situationen klar zu kommen. Handlungskompetenz bedeutet, dass Arbeiten in komplexen, teilweise unbestimmten und mitzugestaltenden Situationen ausgeführt werden können.

Mit dieser Neuausrichtung der Berufsbildung schließt sich auch der Kreis zu einer anderen wissenschaftlichen Theorie, der Berufs- und Arbeits-

30 *Flothow/Stratenwerth/Schurer* (1992)
31 *Brater/Büchele* (1991); *Holz/Koch/Schemme/Witzgall* (1998)

psychologie. Deren Aufgabe ist es festzustellen, was ein Mensch zur Erledigung beruflicher Aufgaben wirklich benötigt. Die Erkenntnisse der arbeitspsychologischen Studien zur Handlungstheorie entsprechen weitgehend den geschilderten berufspädagogischen Ergebnissen zum entdeckenden Lernen.

Schon in den 1980er Jahren sah *Hacker* in seinen Studien die Persönlichkeitsförderung als entscheidend für den beruflichen Erfolg an. In den klassischen arbeitswissenschaftlichen Kriterien und durch den zu engen Qualifikationsbegriff wurde die Persönlichkeitsförderung bis dahin nicht ausreichend beachtet. Die von ihm konzipierte Handlungskompetenz eines Menschen ist deutlich mehr als eine Qualifikation und bezieht sich auch auf das sozio-technische Umfeld, in das die Arbeitsbedingungen, die vorhandenen (Fach-)Qualifikationen und die Motivation eingehen.[32]

Immer wenn ein Begriff „Karriere" macht, gibt es zahlreiche Definitionen und Beschreibungen. Nicht anders erging es dem Begriff Handlungskompetenz, zu dem es eine fast unüberschaubare Zahl an Beschreibungen gibt. Wie umfassend der Begriff operationalisiert werden kann, zeigt die Studie von *Weinert* zu den sozialwissenschaftlichen Kompetenzbegriffen für Schulleistungen: angeborene Persönlichkeitsmerkmale wie Begabung und Intelligenz, erworbener, umfangreicher Wissensbesitz, fächerübergreifende Schlüsselqualifikationen bis hin zu fachbezogenen Fertigkeiten findet man dort.[33]

Für die weitere Verwendung des Begriffs Handlungskompetenz ist es daher notwendig, genauer zu beschreiben, was damit gemeint ist. Nach der Mehrzahl der Definitionen umfasst die berufliche Handlungskompetenz die Fach-, Methoden- und Sozialkompetenz, die sich im Einzelnen wie folgt präzisieren lassen:[34]

Fachkompetenz. Dies sind berufstypische Kenntnisse, Fertigkeiten und Erfahrungen. Organisations-, prozess-, aufgaben- und arbeitsplatzspezifische berufliche Fertigkeiten und Kenntnisse sowie die Fähigkeit, organisationales Wissen sinnorientiert einzuordnen und zu bewerten, Probleme zu identifizieren und Lösungen zu generieren.

---

32 *Hacker* (1986); *ders.* (2005)

33 *Weinert* (2001), S. 3-6

34 In Anlehnung an *Kauffeld/Grote* (2002), S. 32; ähnlich Kultusministerkonferenz in Anlehnung an den Deutschen Bildungsrat: Sekretariat der Ständigen Konferenz der Kultusminister der Länder: Handreichung für die Erarbeitung von Rahmenlehrplänen der Kultusministerkonferenz für den berufsbezogenen Unterricht in der Berufsschule und ihre Abstimmung mit Ausbildungsordnungen des Bundes für anerkannte Ausbildungsberufe. Bonn 2000, S. 8

Methodenkompetenz. Berufsübergreifende Fähigkeiten, mit denen Aufgaben und Aufträge selbstständig durchdacht und durchgeführt werden können sowie die Fähigkeit, neue Fertigkeiten und Kenntnisse sich selbstständig zu erarbeiten. Es sind situationsübergreifend und flexibel einsetzbare kognitive Fähigkeiten, beispielsweise zur Problemstrukturierung oder Entscheidungsfindung.

Sozialkompetenz. Hierunter wird die berufsübergreifende Fähigkeit zum Umgang und zur Zusammenarbeit mit Menschen verstanden. Dies bedeutet, kommunikativ und kooperativ selbst organisiert zum erfolgreichen Realisieren oder Entwickeln von Zielen und Plänen in sozialen Interaktionssituationen zu handeln.

Teilweise wird diese Gliederung um Selbstkompetenz oder Humankompetenz erweitert, was allerdings zu Überschneidungen mit anderen Kompetenzen führt. Handlungskompetenz bedeutet im Folgenden insbesondere die Fähigkeit zur selbstständigen Ausführung von Arbeitsaufträgen, die Lösung von Problemen und das Vermögen zur Zusammenarbeit.

Handlungskompetenz muss sich, weil sie umfassend ist, nicht nur auf den Beruf beziehen. Auch viele freiwillige Tätigkeiten weisen vergleichbare Elemente auf: es herrschen entsprechende Arbeitsbedingungen, es bestehen Arbeitsaufgaben und der Umgang, die Anleitung und die Führung von Menschen ist Bestandteil der Führungsaufgaben. Es kann zu Recht davon ausgegangen werden, dass zwischen dem Erlernen und Anwenden von Handlungskompetenz im Beruf und in freiwilligen Tätigkeiten Austauschprozesse bestehen.

2.2.4 Soziale und methodische Kompetenzen

Die Untersuchungen zur Kompetenz haben alle ein gemeinsames Ergebnis: Kompetenz ist hochindividuell und auf den einzelnen Menschen bezogen. Die individuellen Kompetenzen müssen jedoch in organisatorische Zusammenhänge und soziale Lernprozesse einbezogen werden, damit sie wirksam werden. Sie werden erst sichtbar, wenn sie in soziale Prozesse und Aufgaben eingebunden werden, also beispielsweise beim Löschen eines Brandes oder Auspumpen eines Hauses. Erst dann stellt sich heraus, ob die Kompetenzen ausreichend vorhanden sind.

Nach der obigen Beschreibung sind dafür zunächst die fachlichen und methodischen Kompetenzen notwendig. Aber in allen ehrenamtlichen Tätigkeiten und erst recht bei der Feuerwehr sind zudem auch der Umgang mit Menschen sowie die Arbeit im Team unverzichtbar. Hier kommt dann die dritte Komponente der Handlungskompetenz ins Spiel: Die soziale Kompetenz. *Sozialkompetenz* ist die Fähigkeit eines Individuums, im privaten, beruflichen und gesellschaftlichen Wirkungsraum selbstständig, umsichtig und nutzbringend zu handeln. [35]

Für die erfolgreiche Bewältigung beruflicher und freiwilliger Anforderungen müssen die sozialen Kompetenzen mit den fachlichen und methodischen Qualifikationen zusammenwirken. Hiervon hängt der erfolgreiche Umgang mit Kunden, Kollegen, Vorgesetzten und Mitarbeitern maßgeblich ab. Ist die soziale Kompetenz ungenügend ausgeprägt, dann äußert sich dies in Problemen bei kooperativen Arbeiten, im fehlenden Kontakt und geringer Fähigkeit zur Konfliktlösung. Die Folgen sind schlechte Arbeitsergebnisse und Unzufriedenheit.[36]

Die Auswirkungen einer unzureichenden Sozialkompetenz treten also meist deutlich sichtbar zu Tage. Trotzdem fällt es dem einzelnen oft schwer, die Zusammenhänge zu erkennen und greifbar zu machen. Ursächlich hierfür ist, dass soziale Kompetenzen nur schwer zu operationalisieren und für die berufliche Erfolgswirksamkeit kaum zu typisieren sind. Es gibt also keine Listen, in denen steht, welche soziale Kompetenz für welche Aufgabe in welcher Ausprägung notwendig ist.

Außerdem lassen sich soziale Kompetenzen kaum lehren, wie es etwa bei Lesen, Rechnen und Schreiben der Fall ist. Vielmehr müssen sie stets in Zusammenhang mit fachlichen Qualifikationen erworben werden. Eine Sozialkompetenz ist kein inhaltliches Lernziel, das isoliert vermittelt und geprüft werden kann.

Die Schwierigkeit verleitet leicht dazu, soziale Kompetenz als etwas anzusehen, das ein Charaktermerkmal ist und daher nicht erlernt werden kann. Dies ist allerdings ebenso falsch wie der Versuch, Sozialkompetenz in einem schriftlichen Test abzuprüfen.

Verständlicher wird die soziale Kompetenz, wenn man sich einzelne Bestandteile betrachtet. Kennzeichen der Sozialkompetenz ist es, die eigene Persönlichkeit zu entfalten und fähig zu sein, in einer Gemeinschaft aktiv zu leben. Damit dieses möglich ist, benötigen Menschen Eigenschaften wie *Selbstbewusstsein, Verantwortungsbewusstsein* und *Mündigsein* sowie einen entsprechenden Umgang mit sich selbst und anderen. Sie müssen in der Lage sein, ihre eigenen Gefühle, Interessen und Bedürfnisse zu erkennen sowie die Gefühle, Interessen und Bedürfnisse der jeweiligen

35 *Faix/Laier* (1991), S. 62 ff.

36 Zu diesen Ergebnissen kommt die Studie von *Damm-Rüger/Stieger* (1996)

Partner und Partnerinnen in der beruflichen Handlungssituation wahrzunehmen. Auch müssen sie die Rahmenbedingungen, unter denen der soziale Umgang stattfindet, berücksichtigen können. Letztlich ist Sozialkompetenz immer dann ausgeprägt vorhanden, wenn Menschen eine Balance zwischen den drei Polen eigene Person, andere Person und Rahmenbedingungen im gezeigten Verhalten finden.[37]

Es ist offensichtlich, dass solche soziale Kompetenzen nicht nur im Berufsleben notwendig sind, sondern auch im privaten und freiwilligen Umfeld. Hier dürfte ihre Bedeutung sogar noch größer sein, da fachliche Kompetenzen oft nur eine untergeordnete Rolle spielen. Soziale Kompetenz ist beispielsweise die Fähigkeit von Eltern zur Erziehung ihrer Kinder ebenso wie der Umgang im Freundeskreis.

Wie hängen nun aber Sozialkompetenzen und Soft Skills zusammen? Bei allen Beschreibungen wurde deutlich, dass es Überschneidungen gibt oder dass beide Begriffe oft für die gleichen Sachverhalte benutzt werden. Im Folgenden wollen wir Soft Skills als einen Teil sozialer Kompetenz verstehen und zwar als jenen, der vornehmlich in professionellen und freiwilligen Tätigkeiten benötigt wird. Dies sagt auch der Begriff „Skills“ aus. Es sind „Fertigkeiten“, die benötigt werden, um Fachqualifikationen und Können einsetzen zu können. Damit geht nur ein Teil der Sozialkompetenzen in die Soft Skills ein und es fehlt insbesondere eine ethische Bewertung. Es gibt gute und schlechte Erziehung oder einen liebevollen Umgang mit Freunden; bei den Soft Skills wird nur beachtet, ob es sich um ein angemessenes Anwenden handelt, dieses wird aber nicht moralisch bewertet.

Soft Skills sind jedoch nicht nur eine Teilmenge der sozialen Kompetenzen, sondern hinzu kommen bestimmte methodische Kompetenzen oder methodische Skills. Damit Besprechungen, Konferenzen und Trainings möglichst ergiebig sind, sollen Konflikte gelöst und bestimmte Techniken hierzu erlernt werden. Beispiele sind Verkaufs- und Kundenberatungstechniken, Rhetorik- und Konfliktbearbeitung sowie Konferenz-, Gesprächs-, Moderations- und Präsentationstechniken.

Trainiert werden können daher Soft Skills nicht wie man Qualifikationen erlernt. Das Training muss Elemente des Coachings beinhalten, also die Beratung für nicht-standardisierbare Situationen. Aufgrund der Komplexität von Abläufen in der Berufswelt und bei freiwilligen Tätigkeiten sind nicht alle Situationen vorhersehbar und damit trainierbar. Der Einzelne

---

37 *Damm-Rüger/Stieger* (1996), S. 11 ff.

soll ein Instrumentarium erhalten, mit dem er Entscheidungen treffen und getroffene Entscheidungen überprüfen kann.

2.2.5 Zertifizierung von Kompetenzen

Kompetenz und damit auch die Soft Skills können wie geschildert nicht wie eine formale Qualifikation durch eine individuelle Prüfung gemessen werden. Vielmehr müssen die arbeitsorganisatorischen Veränderungen sowie die kommunikativen Prozesse in den Lern- und Arbeitsgruppen und in der Organisation betrachtet werden.[38]

Dieses bereitet Schwierigkeiten, da Verhaltensänderungen und Entwicklungen durch einen Vergleich „Vorher – Nachher" und die Auswahl relevanter Variablen gemessen werden müssen. Dieses erweist sich als deutlich schwieriger als es auf den ersten Blick aussieht. Um Verhaltensänderungen zu evaluieren, wird in Weiterbildungen der beruflichen Praxis oft nach dem Modell von *Kirkpatrick* vorgegangen.[39] *Kirkpatrick* selbst weist jedoch auf die Schwierigkeiten hin, verlässliche Aussagen zu bekommen. Eine Verhaltensänderung muss nicht immer nach außen sichtbar sein, viele Bestandteile sind auch intrinsisch. Stolz, Zufriedenheit oder Freude können die Folge der Verhaltensänderung sein, ohne dass dieses nach außen hin sichtbar wird. Verhaltensänderungen benötigen viel Zeit, bis sie sichtbar werden. Es ist wenig sinnvoll zu hoffen, dass solche Änderungen unmittelbar nach einem Seminar schon festzustellen und dann auch noch dauerhaft sind.

Zudem muss vorab klar definiert werden, wie relevant bestimmte Verhaltensänderungen für die jeweilige Tätigkeit sind und anhand welcher Variablen sie gemessen werden. Außerdem müssten die Wirkungen einer entsprechenden Bildungsmaßnahme isoliert werden, was kaum möglich ist, da Menschen in der Regel wissen, was sie gelernt haben, aber nicht wo und wann.

Trotz dieser Schwierigkeiten ist es notwendig, den Kompetenzerwerb in irgendeiner Form zu dokumentieren. Dies gilt nicht nur für berufliche Qualifizierungen. Denn es wird zunehmend gefordert, allen geleisteten Bildungs- und Berufsanstrengungen ein höheres Gewicht für die Rekrutierungsentscheidungen einzuräumen.[40] Insofern ist es zu überlegen, ob

---

38 *Weiß* (1999), S. 451; vgl. auch *Heyse/Erpenbeck* (1997), S. 169; *Heyse/Erpenbeck* (2004)

39 *Kirkpatrick* (1998), p. 48 ff.; auch die Gore-Seminare wurden nach diesem Modell evaluiert

40 *Sonntag/Stegmaier/Müller/Baumgart/Schaupeter* (Bonn o. J); vgl. bspw. *Faulstich* (2004), S. 262 ff.

und in welchem Umfang die in ehrenamtlichen Tätigkeiten erworbenen Kompetenzen nicht auch formale Bedeutung für berufliche Tätigkeiten erlangen. Bisher dienen solche Tätigkeiten eher als Beleg übergreifenden, sozialen Engagements bei Bewerbungen, sie haben aber keine direkten Auswirkungen auf das Kompetenzprofil.

Einen Ansatz, auch die in freiwilligen Tätigkeiten erworbenen Kompetenzen einzubeziehen, bietet der Europäische Qualifikationsrahmen (EQF). Zunächst sollen die Kompetenzen für Berufsbildung und Hochschulbildung vergleichbar gemacht werden; es ist jedoch nicht ausgeschlossen, dass auch anderweitig erworbene Kompetenzen einbezogen werden. Analog zum European Credit Transfer and Accumulation System (ECTS) hat die Europäische Kommission 2004 das Europäische Credit Transfer System für Berufsbildung (ECVET) vorgestellt. Basis hierfür sind die Erklärungen von Kopenhagen von 2002 sowie die der Ministerkonferenz in Maastricht im Dezember 2004.

Mit diesem Europäischen Qualifikationsrahmen stellt sich die Frage, inwieweit in ehrenamtlichen, freiwilligen Bildungsveranstaltungen erworbene Kompetenzen zertifiziert werden können. Zumindest die organisatorischen Bedingungen sind hierfür gegeben. Denn das europäische Leistungspunktsystem für die berufliche Bildung (ECVET) ordnet sich in den jeweiligen Nationalen Qualifikationsrahmen (NQF) ein und sieht modulare Bildungsabschnitte vor. Ziel ist die Verzahnung von Berufsbildungs- mit Schul-/Hochschulsystemen als vertikale Mobilität und die Förderung von Kompetenzprofilen als horizontale Mobilität.

Entsprechend werden ECVET-Leistungspunkte in Form von Modulkompetenzen (*units, learning outcomes*) mit den folgenden vier Parametern beschrieben:

P1 verbale Beschreibung der Handlungskompetenz

P2 Nennung der Kompetenzfelder, in denen Leistungspunkte vergeben werden

P3 Leistungspunkte unter Berücksichtigung von Lernzielen (*workload*)

P4 Zuordnung zu einer Niveaustufe (EQF/NQF)

Allerdings ist die Diskussion noch lange nicht abgeschlossen und es gibt auch andere Modelle.

Notwendige Voraussetzung für eine Zuordnung der im Ehrenamt erworbenen Kompetenzen wäre eine allgemein anerkannte Klassifikation der Module. Das differenzierteste System dürfte das der englischen National

Vocational Qualifications (NVQ) sein, das nach fünf Niveaustufen, elf Berufsfeldern und 794 Tätigkeiten differenziert. Allerdings ist es auch diesem ausgeklügelten System nicht gelungen, klare und eindeutige Beschreibungen und Klassifikationen von Kompetenzen zu leisten. Derzeit muss daher die Frage, ob im Ehrenamt erworbene Kompetenzen im Rahmen des Nationalen Qualifikationsrahmens anerkannt werden können, noch offen bleiben.

2.3 Führungskompetenz und Soft Skills

Eine besondere Ausprägung von Kompetenz ist die Führungskompetenz, die nicht nur im Berufsleben, sondern auch in ehrenamtlichen Tätigkeiten gefordert wird. Führung dient dazu, Ordnung zu schaffen und ein zielgerichtetes Vorgehen zu ermöglichen. Es bedeutet vor allem die Übernahme von Verantwortung, Durchsetzungsfähigkeit zu zeigen und Methoden der Konfliktlösung zu beherrschen. Werden Mitarbeiter oder andere Gruppenmitglieder geführt, so spricht man von Personalführung.[41]

Zweifellos ist eine derartige Führungskompetenz für die leitenden Personen bei der Jugendfeuerwehr notwendig. Die Personalführung hat hier oft sogar zwei unterschiedliche Ausprägungen: zum einen handelt es sich um die Führung von Jugendgruppen, zum anderen sind viele DJF-Führungskräfte auch bei den erwachsenen Feuerwehren in Führungspositionen tätig.

Was aber bedeutet Führen in der Praxis konkret? Hierüber bestehen oft keine klaren Vorstellungen. Es ist nicht nur Anweisungen geben und Delegieren ebenso wenig wie ausschließlich motivieren. Personalführung vereint in sich zahlreiche Elemente. Grob lassen sich diese Elemente in formale sowie informelle Bestandteile untergliedern.

Formale Führerschaft bedeutet, dass einem Individuum bestimmte Aufgaben qua Amt oder Hierarchie übertragen werden. Dieses allein reicht aber zum Führen nicht aus, da es sich bei den geführten Personen um Menschen in Gruppen handelt. Diese Gruppe muss den formalen Führungsanspruch auch anerkennen. Das Problem ist, dass eine *informelle Führerschaft* dadurch entstehen kann, dass eine bestimmte Person von allen Gruppenmitgliedern als Führer anerkannt wird. Dies kann der formale Führer sein, muss es aber nicht. Informeller und formaler Führer können auch unterschiedliche Personen sein.

---

41 *Jung* (2005), S. 402; *Stroebe* (2006), S. 9 ff.

Es ist notwendig, dass sich die Führungskräfte der Jugendfeuerwehr auf diese Problematik einstellen. Je mehr Führungstechniken die Führungskräfte beherrschen, desto eher werden sie von den Gruppenmitgliedern auch als informelle Führer anerkannt. Insofern ist die Vorbereitung auf die Leitungstätigkeiten unverzichtbar.

Dies ist auch daher notwendig, weil diese Führungskräfte kaum über klassische Sanktionsmittel verfügen. Aufgrund der Freiwilligkeit der Mitgliedschaft bei der Jugendfeuerwehr können Jugendliche einem Druck einfach durch Austritt ausweichen. Andererseits ist ein ‚laissez faire-Verhalten' auch nicht möglich, da wichtige gesellschaftliche Aufgaben wahrgenommen werden, die entsprechende formale Leitungsstrukturen notwendig machen.

Damit die Vorbereitung auf die Führungs- und Leitungstätigkeiten optimal verläuft, kann auf die Erkenntnisse von zwei unterschiedlichen Bezugswissenschaften zurückgegriffen werden. Um Hinweise zur Gestaltung der formalen Führung zu erhalten, bilden die Managementlehren die Grundlagen. Diese versuchen seit den 1950er Jahren, das Phänomen der Führung zu ergründen und Hinweise zur Gestaltung von Führungsarbeit zu geben. In erster Linie geht es dabei natürlich um die Führung in einer Berufstätigkeit, was bei der Übertragung zu berücksichtigen ist.

Der zweite Aspekt betrifft die Besonderheit des Führens von informellen Gruppen, beispielsweise Jugendgruppen. Jugendgruppen bei der Jugendfeuerwehr sind zwar formale Gruppen, weisen aber viele Elemente informeller Gruppen auf. Die Erkenntnisse der Sozialpsychologie geben Hinweise zum Verständnis dazu, warum sich Gruppen unter welchen Umständen in einer bestimmten Art und Weise verhalten.

Die Führungsqualitäten der DJF-Führungskräfte müssen also umfassend sein und zudem die Besonderheiten einer NPO berücksichtigen. In der Regel werden die Führungskräfte bereits über eine Führungskompetenz verfügen, die durch persönliche und berufliche Erfahrungen entstanden ist. Allerdings stellt sich die Frage, ob nicht bestimmte Soft Skills diese Kompetenz weiter verbessern und an die Bedingungen der Jugendfeuerwehr anpassen können. Gibt es also „Werkzeuge", die erlernt werden können, um noch besser den Anforderungen gewachsen zu sein?

2.3.1 Führungspersönlichkeit

Führung hat offensichtlich immer etwas mit dem Menschen zu tun, der diese Aufgabe zu erfüllen hat. Betrachten wir daher zunächst einmal, was unter einer Führungspersönlichkeit verstanden wird. Vergleichbar zu formaler und informeller Führung sprechen einige Autoren von äußerer und innerer Autorität[42] und sehen darin den Schlüssel der Personalführung. Die äußere Autorität beruht auf der Funktion, dem Amt, das ein Mensch innehat und das mit bestimmten Möglichkeiten der Machtausübung verbunden ist.

Die innere Autorität beruht auf der Persönlichkeit, also auf den Charaktermerkmalen des Einzelnen. Dieses führt dazu, dass im Verständnis vieler Menschen eine Führungspersönlichkeit gleichbedeutend mit charismatischer Führerschaft ist. Denn ein charismatischer Führer leitet seinen alleinigen Herrschaftsanspruch aus seiner Persönlichkeit und Einmaligkeit ab.[43] Man kann also von einer „geborenen" Führungspersönlichkeit sprechen.

Was muss ein Mensch haben, damit er ein geborener Führer ist? Um diese Frage zu beantworten, wird seit Anfang des Jahrhunderts nach den genetischen Dispositionen des geborenen Führers geforscht. Beispielsweise werden Biographien erfolgreicher Manager herangezogen. Nach der Ähnlichkeitsvermutung werden Menschen ebenso erfolgreich und gute Führer sein, die über vergleichbare genetische Dispositionen verfügen. Kommt dann noch eine bestimmte Sozialisation hinzu, beispielsweise der Besuch von Eliteschulen und Universitäten sowie eine bestimmte gesellschaftliche Schicht, so ist die Führungskompetenz weitgehend durch diese Faktoren bestimmt. Personalauswahlverfahren wie der *Biografische Fragebogen* beruhen auf dieser Annahme.

Wird man also als Führungspersönlichkeit geboren? Keiner wird abstreiten, dass es Führungspersönlichkeiten gibt, die genau diesen Vorstellungen entsprechen. Ein solches Verständnis von Führungsbefähigung würde bedeuten, dass letztlich nur diejenigen Führungskräfte werden könnten, die über eine wie auch immer geartete „innere Autorität" verfügen. Führen wäre demnach eine kaum erlernbare persönliche Eigenschaft, die weitgehend durch die Erbanlagen und die frühkindliche Sozialisation beziehungsweise soziale Schicht bestimmt wird.

Würde man Führung an das Vorliegen dieser Kriterien binden, wäre der Kreis möglicher Führungskräfte stark eingegrenzt. Letztlich wäre man schnell bei einer Art von Führungs-Aristokratie, mit der viele mögliche Führungskräfte von vorneherein ausgeschlossen wären. Zudem ist gar nicht sicher, ob die ausschließliche Beschäftigung solcher Führungskräfte für eine Organisation überhaupt sinnvoll wäre.

---

42 *Stroebe* (2006), S. 10 f.

43 *Jung* (2005), S. 415

Um überhaupt die „richtigen Führungskräfte“ zu finden und auszuwählen ist es daher wesentlich wichtiger, klare Vorstellungen darüber zu haben, was überhaupt eine optimale Führungskraft ausmacht. Was sollte und muss ein optimaler Manager können? Diese Frage bewegt seit vielen Jahren die Praxis und Wissenschaft, da gute Führungskräfte entscheidend für den Erfolg eines Unternehmens sind. Bereits im Jahr 1955 hat *Robert L. Katz* in seiner Studie zu den „Skills of an Effective Administrator“ als Idealtypus den „Can do anything Manager“ kreiert, den es so zwar nicht gibt, den es aber anzustreben gilt.[44]

Trotz dieser Vorgabe herrscht selbst in der Wirtschaft bis heute wenig Einigkeit darüber, wer ein idealer Manager ist und welche Eigenschaften dieser mitbringen muss. Zudem verändern sich die Ansichten hierüber im Zeitverlauf. Der amerikanische Sozial- und Wirtschaftswissenschaftler *Russel L. Ackoff* hat versucht, die Eigenschaften eines idealen Managers zu beschreiben. Danach zeichnen eine gute Führungskraft die Eigenschaften Kompetenz, Fähigkeit zur Kommunikation und Dialogfähigkeit, Verantwortungsbewusstsein, Mut und Kreativität aus.[45]

2.3.2 Führungsaufgaben bei der Jugendfeuerwehr

Betrachtet man die vorliegende Literatur zum Führungsverhalten und zur Führungspersönlichkeit in NPO, so findet man viele sprachliche und inhaltliche Anleihen bei der kommerziellen Wirtschaft. Da aber die wirtschaftlichen Grundlagen unterschiedlich sind, ist die Übernahme industrieller Führungsmodelle zumindest skeptisch zu betrachten und kritisch zu analysieren.

Gerne und unkritisch wird oft von der Ökonomisierung oder stärkeren wirtschaftlichen Ausrichtung von NPO gesprochen. Eine solche Analogie ist jedoch kritisch: bestimmendes Element eines Arbeitsverhältnisses ist der Austausch von Arbeitsleistung gegen Entgelt. Da aber in Nonprofit-Organisationen dieses Austauschverhältnis nur bei den Beschäftigten, kaum bei den geringfügigen und temporären Beschäftigungsverhältnissen und gar nicht bei den Freiwilligen gegeben ist, sind die Führungsprinzipien, die auf der Erhöhung oder Verringerung des Entgeltes basieren, nicht anwendbar.

Auch die Messung des Führungserfolges unterscheidet sich grundsätzlich. In der unternehmerischen Wirtschaft ist dies in der Regel der „wirtschaft-

---

44 *Katz* (1955), p. 1-10

45 *Ackoff/Finnel/Gharajedaghi* (1989); vgl. auch *Müller-Merbach* (1993)

liche Erfolg", der auf unterschiedliche Arten gemessen werden kann. In Nonprofit-Organisationen zeigt allein der Begriff, dass der Profit keine Messlatte sein kann. Es müssen also alternative Maßstäbe dafür gefunden werden, wann eine Führung als gelungen einzuschätzen ist.

Eine Möglichkeit bietet die klassische Betriebswirtschaftslehre. Die Aufgabe einer Führungskraft wird nach *Gutenberg* in der dispositiven Arbeitsleistung in Zusammenhang mit der Leitung und Lenkung der betrieblichen Vorgänge gesehen. Aber eine solche Definition ist für eine Organisation wie die Deutsche Jugendfeuerwehr nur bedingt zu gebrauchen, da die Tätigkeiten freiwillig sind und in der Regel überwiegend junge ehrenamtliche Feuerwehrleute (*Funktionsträger*) geführt werden. Eine gute Führung zeigt sich daran, dass die Fachaufgaben entsprechend schnell und optimal ausgeführt werden können.

Aber diese Bewertung ist nicht ausreichend, um die Führungsleistung zu beurteilen. Denn die Aufgabe der DJF-Führungskräfte umfasst daneben auch die Jugendarbeit. Insofern müssen auch gruppendynamische Aspekte der Personalführung einbezogen werden. Dies ist zunächst die Lokomotionsfunktion, nach der die Führungskräfte die Jugendlichen motivieren müssen, um gemeinsame Ziele zu erreichen. Hinzu kommt die Kohäsionsfunktion, mit der der Zusammenhalt und die Loyalität innerhalb der Gruppe gefördert werden sollen.[46] Die Gruppenzugehörigkeit ist ein wichtiger Teil der eigenen Identität und hilft dabei, sich selbst zu definieren. Das Tragen von Feuerwehrbekleidung ist eine Möglichkeit, die Zugehörigkeit zur Feuerwehr nach außen hin zu dokumentieren. Diese Gruppen stellen auch soziale Normen sowie implizite und explizite Regeln auf, die aussagen, welche Art von Verhalten akzeptabel ist.[47]

Die Führung von Jugendgruppen der Deutschen Jugendfeuerwehr hat also zwei Ziele: einerseits sollen Fachaufgaben mit feuerwehrtechnischer Ausbildung erledigt werden, die viele Elemente einer beruflichen Tätigkeit enthalten. In den Aufgaben der Brandbekämpfung und anderen Fachaufgaben unterscheiden sich die grundsätzlichen Anforderungen nicht zwischen Berufsfeuerwehren und freiwilligen Feuerwehren. Andererseits bilden sich informelle Gruppen und die soziale Zugehörigkeit zu einer solchen Gruppe ist für viele junge Menschen möglicherweise der entscheidende Auslöser, in die Jugendfeuerwehr einzutreten.

46 *Jung* (2005), S. 402 f.

47 *Aronson/Wilson/Akert* (2004), S. 320 f.

2.3.3 Macht und Autorität in NPO

Um Führen zu können, müssen die Führungspersönlichkeiten nicht nur bestimmte Eigenschaften haben. Hinzu kommen zwei entscheidende Merkmale, die Personalführung erst ermöglichen: Macht und Autorität.[48] Erst wenn derartige formale Führungsmerkmale hinzukommen, können Entscheidungen nicht nur getroffen, sondern auch umgesetzt werden. Macht ist die Möglichkeit und Fähigkeit einer Person, eigene Interessen auch gegen den Willen anderer durchzusetzen. Autorität bedeutet, dass sich die geführten Menschen der Führungsperson freiwillig unterordnen.[49]

Wie sieht es damit bei ehrenamtlichen Tätigkeiten aus und welche Art der Führung wird überhaupt verlangt? Von den drei Ausprägungen beruflicher Autorität, personale/charismatische, funktionale und positionale Autorität können Führungskräfte der DJF nur auf begrenzte Handlungsmöglichkeiten zurückgreifen.

Eine positionale oder Amtsautorität ist zwar durch Hierarchien gegeben; sie kann jedoch nur bedingt umgesetzt werden, da damit verbundene Sanktionen kaum zur Verfügung stehen. Zudem kann sich das freiwillige Mitglied jederzeit, ohne formale Bestrafung befürchten zu müssen, aus der Organisation zurückziehen.

Eine funktionale oder Fachautorität bezieht sich auf die feuerwehrtechnischen Kenntnisse und Erfahrungen, die als Basis jedes Führungshandelns vorhanden sein muss. Mit anderen Worten: Es können in der Jugendfeuerwehr nur diejenigen Personen akzeptierte Führungskräfte werden, die auch über die entsprechenden Feuerwehrfachkenntnisse verfügen.

Damit bekommt die persönliche Autorität einen hohen Stellenwert. Zu ihr gehören auch soziale Kompetenzen und Soft Skills, wenn diese vom Feuerwehrnachwuchs anerkannt werden. Insofern verbessert das Erlernen und Anwenden von Soft Skills die gesamte Autorität der jeweiligen Führungskraft. Je stimmiger die einzelnen Aspekte der Autorität zusammenpassen, desto höher ist die freiwillige Akzeptanz der Führungskraft.

Um die Bedeutung der persönlichen Autorität und damit auch der Soft Skills zu verstehen, kann man die sechs klassischen Dimensionen von Macht analysieren. Im Hinblick auf Tätigkeiten im Ehrenamt zeigen sich die Begrenzungen vieler Aspekte von Macht:[50]

---

48 *Jung* (2005), S. 403 ff.

49 vgl. Kapitel 1.3.2

50 Die Dimensionen beziehen sich auf *French/Raven* (1959), p. 150 ff.; zitiert nach *Jung* (2005), S. 403 ff.; vgl. auch *Bröckermann* (1997), S. 249 ff.

Macht durch Belohnung: Klassische finanzielle Belohungen sind hier in keinem nennenswerten Umfang möglich; nur immaterielle Belohnung wie Lob, Auszeichnungen und Beförderungen können eingesetzt werden.

Macht durch Bestrafung: Es ist kaum möglich, Bestrafungen zu realisieren, weil dieses zum Ausscheiden des Jugendlichen führen könnte.

Macht durch Identifikation: Ob sich ein Jugendlicher mit seiner Führungskraft identifiziert hängt davon ab, inwieweit er die entsprechende Autorität akzeptiert.

Macht durch Legitimation: Obwohl es auch in NPO Hierarchien gibt und diese für die entsprechende Führungsperson durchaus wichtig sein können, wie das Tragen von Rangabzeichen zeigt, ist es fraglich, wie diese Form der Macht die geführten Jugendlichen wirklich beeindruckt.

Macht durch Sachkenntnis: Expertise ist sicherlich wichtig. Allerdings ergibt sich immer die Frage, ob Führungskräfte nicht eher Generalisten als Spezialisten sein müssen, so dass auch diese Machtbasis zumindest brüchig ist.

Macht durch Information: Ein Wissensvorsprung kann Vor- und Nachteil zugleich sein; allerdings steht in der Regel die Information selbst und nicht die sie vermittelnde Führungskraft im Mittelpunkt, so dass auch Informationen keine Machtbasis mit Gewähr sind.

Fasst man Macht und Autorität zusammen, so wird deutlich, dass es in NPO weit mehr auf die persönliche Autorität der Führungskräfte ankommt als auf formale Macht. Allein das straffreie Ausscheiden aus der Organisation für Mitglieder schränkt viele Arten des Machtmissbrauchs ein. Umso wichtiger ist es, dass Führungskräfte eine fundierte Autorität aufbauen, wofür die Soft Skills ein wichtiger Bestandteil sein können. Hiermit können sie junge Heranwachsende für diese ehrenamtliche Tätigkeit gewinnen und begeistern.

2.3.4 Herausforderungen bei Feuerwehren

Nicht jedes freiwillige Engagement ist auch ein Ehrenamt. Das Ehrenamt ist eine besondere Form des bürgerlichen Engagements. Führungstätigkeiten bei der Jugendfeuerwehr zählen zweifelsohne jedoch dazu. Die konstitutiven Elemente sind Freiwilligkeit, Solidarität, Partizipation, Selbstbestimmung und geteilte Werte, die die Gemeinschaftlichkeit sicherstellen.[51] *Max Weber* definiert das Ehrenamt wie folgt: „*Das Ehren-*

51 *Ohne Autor* (2004)

amt wird von Personen ausgefüllt, die in einer Vereinigung ohne Entgelt führend, verwaltend und anleitend tätig sind.“ Vereinfacht ausgedrückt ist das Ehrenamt eine unbezahlte und freiwillige Arbeit für andere, die nicht an eine bestimmte Ausbildung gebunden ist, wobei sie in der Regel auf Dauer angelegt ist. Ein materielles Entgelt entfällt weitgehend, außer Aufwandsentschädigungen und steuerlichen Abzugsmöglichkeiten. Dies wird im Gegenzug durch die Ehre, die dem Träger des Ehrenamts zuwächst, ausgeglichen. [52]

Ein Ehrenamt kann also nur dann mit Engagement ausgeführt werden, wenn es einen persönlichen Nutzen, einen individuellen Gewinn verspricht. Dieser liegt zunächst einmal darin, dass die Tätigkeit Spaß macht. Auch der Umgang mit Menschen, insbesondere jungen Menschen, ist wichtig. Es besteht zudem die Chance, etwas zu bewegen und zu verändern, die Abwechslung vom Alltäglichen zu finden, selbstbestimmt und frei zu gestalten, sich neue Kontakte und Beziehungen zu schaffen, Gruppen und Gemeinsamkeiten zu erfahren und auch von der Weiterbildung und Kompetenz zu profitieren.

Letztlich sind zwei Motivgruppen entscheidend: die Orientierung am Gemeinwohl und das Streben nach Geselligkeit. In den letzten Jahren hat sich bei den Feuerwehren die Gemeinwohlorientierung wesentlich verstärkt, während die Geselligkeitsorientierung nachgelassen hat.[53] Es findet also ein Strukturwandel statt, der auch für die Deutsche Jugendfeuerwehr von Bedeutung ist, da die Nachwuchsorganisation in der Regel der Promoter dieser Veränderungen ist. Hieraus erwachsen Herausforderungen an die Führungskräfte, die diesen Strukturwandel mitgestalten müssen.

Neben dem Strukturwandel und dem Umgang mit jugendkulturellen Stilen sind die Führungskräfte in den Feuerwehren weiteren Herausforderungen ausgesetzt, die aus der Art der Tätigkeit resultieren. Feuerbekämpfung und Rettungsdienste führen zu hohen psychischen Belastungen und Stressreaktionen. Die Berufsfeuerwehr liegt in Bezug auf das Vollbild eines posttraumatischen Belastungssyndroms im Bereich einer Hochrisikopopulation. Die Freiwilligen Feuerwehrleute liegen zwar deutlich darunter, im Schnitt berichteten die Mitglieder der Freiwilligen Feuerwehr von 10,8 potenziell traumatisierenden Ereignissen im Vergleich zu 30,0 bei Berufsfeuerwehrleuten. Etwa die Hälfte (52,6%)

---

52 *Rabe-Kleberg* (1992), S. 100; *Karsten* (1992), S. 107

53 vgl. Erwartungen an ehrenamtliche Tätigkeiten in der Studie des BMFSFJ 2005, S. 102

beschrieb keinerlei Stresssymptome und etwa ein Drittel (34,1%) lediglich geringe Ausprägung von Stresssymptomen.[54]

Trotz dieser auf den ersten Blick weniger dramatischen Situation müssen Führungskräfte der Jugendfeuerwehren, die junge Menschen an diese Tätigkeiten heranführen sollen, entsprechende Soft Skills aufweisen, mit denen sie ihnen helfen können, mit solchen Ereignissen umzugehen. Denn zwangsläufig entstehen aus solchen Stresserlebnissen auch Reaktionen, mit denen die Führungskräfte lernen müssen umzugehen.

Führungskräfte bei der Jugendfeuerwehr sind also mit vielfältigen Situationen konfrontiert, auf die sie in der Regel in ihrem beruflichen und privaten Umfeld nicht ausreichend vorbereitet werden können. Diese Problematik hat die Firma W. L. Gore & Associates erkannt und ein entsprechendes Sponsoring aufgelegt. Grundgedanke ist, dass das Ehrenamt in der Jugendfeuerwehr auf Dauer nur dann aufrecht zu erhalten ist, wenn durch Sozialsponsoring Fortbildungen angeboten werden können, die das bestehende Aus- und Weiterbildungssystem um wichtige Kompetenzen in den Soft Skills unterstützen.

2.3.5 Führungsmodelle und Führungsentwicklung

Um ein den aufgezeigten Herausforderungen entsprechendes und die bisherigen Qualifizierungsangebote unterstützendes System der Personalentwicklung etablieren zu können, müssen die theoretischen Bezüge transparent sein. Es ist also zu verdeutlichen, welches Führungsmodell zugrunde liegt. Als Führungsmodell wird das Zusammenspiel von Führungsmitteln, -techniken und -stilen in einem System bezeichnet.[55] Führungsmodelle treffen Aussagen darüber, wie die Praxis der Führung in Organisationen zu handhaben ist. Für eine einheitliche Führungskultur ist es unerlässlich, Entscheidungen über die Führungsmodelle zu treffen, an denen sich das Führungsverhalten orientiert.

Die ersten Führungsmodelle basieren auf den Untersuchungen von *Lewin, Lippit & White* aus den 1930er Jahren. Sie haben eine Verhaltenstheorie der Führung formuliert, die das Zusammenspiel von Gruppen- und Führungsverhalten erklärt.[56] Obwohl diese Theorie wegen ihres experimentellen Hintergrundes häufig kritisiert wurde, wurden die Ergebnisse vielfach bestätigt: autokratisch geführte Gruppen verhalten sich unterwürfiger und

---

54 *Schraub* (2003)

55 *Olfert* (2004), S. 239; *Rahn* (2002), S. 73

56 Die bekannte Studie wurde veröffentlicht von *Lewin/Lippitt/White* (1939), pp. 271-299

gehorsamer als demokratisch geführte Gruppen, die weniger Spannungen und Feindseligkeit zeigen. Gerade in Stresssituationen wie der Bekämpfung eines Brandes ist es wichtig, dass Gruppen harmonieren und Zusammenhalt zeigen, um effektiv arbeiten zu können.

Um Gruppen dauerhaft stabil zu machen, die Kohäsionsfunktion, und nach vorne zu bringen, die Lokomotionsfunktion, können Führungskräfte bestimmte Führungsinstrumente einsetzen. Oft wird hierbei zwischen der Menschen- und Aufgabenorientierung unterschieden. Die Studien von *Blake & Mouton* zeigen, dass dabei nicht ein „Entweder-Oder" geht, sondern beide Grundverhaltensweisen in einer Führungsperson möglich und notwendig sind.[57]

Auf der Grundlage dieser und anderer Forschungen wurden seit den 1950er Jahren zahlreiche Führungsmodelle entwickelt. Bekannt sind die Management-by-Konzepte, beispielsweise das *Management by Objectives* als Führen durch Zielvereinbarung. In Deutschland war das zwischenzeitlich weitgehend überholte „Harzburger Modell" von *Höhn* viele Jahre bestimmend. Als ältestes deutsches Führungsmodell gilt das Bürokratiemodell von *Max Weber*. Obwohl auch immer wieder in Schriften zum Sozialmanagement hierauf Bezug genommen wird, haben diese Führungsmodelle kaum Anknüpfungspunkte für die Übertragung in den Bereich der NPO.

Interessanter erscheinen zwei andere Führungsmodelle: Die *X-Y-Theorie* von *McGregor* und das *7-S-Modell*, auch als *McKinsey 7-S* bekannt. Viele der derzeitigen Führungskonzepte basieren auf der X-Y-Theorie des amerikanischen Sozialpsychologen *Douglas McGregor*. Diese Theorie ist der Vergleich von zwei unterschiedlichen Führungskonzepten: Theorie X ist die Führung durch Kontrolle. Danach muss der Durchschnittsmensch gezwungen, gelenkt und geführt werden, um das vom Unternehmen gesetzte Ziel zu erreichen.[58] Diese Mitarbeiter werden vornehmlich durch monetäre Anreize motiviert. Letztlich kann dieses Führungsprinzip in NPO kaum angewandt werden, da die entsprechenden Instrumente zumindest für freiwillig Tätige fehlen.

---

57 Das bekannte „Managerial Grid" oder „Führungs-Gitter" von Blake & Mouton ordnet die Führungsstile in ein Raster ein, wobei die X-Achse die arbeitsorientierte Dimension von niedrig (=1) bis hoch (=9) ist und die Y-Achse die mitarbeiterorientierte Dimension mit denselben Ausprägungen ist. So können theoretisch 81 Führungsstile von 1.1 „geringst mögliche Einwirkung auf die Arbeitsleistung und Menschen" bis 9.9 „Hohe Arbeitsleistung von begeisterten Mitarbeitern, Verfolgung der gemeinsamen Ziele führt zu gutem Verhalten" unterschieden werden. Vgl. *Blake/Mouton* (1964); in deutsch (1980)

58 *McGregor* (1970), S. 47 ff.

Gegenstück ist die Theorie Y, bei der die Führung durch Motivation und das Prinzip der Integration erfolgt. Hiernach hat der Mensch nicht von Natur aus eine Einstellung zur Arbeit; diese bildet sich erst aufgrund seiner Erfahrung heraus. Wenn der einzelne sich den Zielen verpflichtet fühlt, wird er sich Selbstdisziplin und -kontrolle auferlegen. Ziel muss also sein, die Arbeitsbedingungen so zu gestalten, dass es den Mitarbeitern gelingt, ihre eigenen Ziele am besten dann zu erreichen, wenn sie sich gleichzeitig um den Unternehmenserfolg bemühen.

Die Führungsprinzipien sind stark an Selbstkontrolle und Selbstführung orientiert und ersetzen Strafandrohung und Überwachung. Menschen suchen die Verantwortung und fühlen sich dadurch belohnt, dass sie ihre selbstgesetzten Ziele erreichen.[59] Es ist offensichtlich, dass die Theorie Y deutlich treffender die Bedingungen abbildet, wie sie in ehrenamtlichen Tätigkeiten anzutreffen sind als dieses bei der in der Wirtschaft vorherrschenden Theorie X der Fall ist.

Soft Skills kommen in der Theorie von *Douglas McGregor* eher implizit vor und sind inhärente Bestandteile der Führungsprinzipien. Dagegen sind sie bei dem 7-S-Modell deutlich artikuliert. Dieses Modell zur Systematisierung von Führungselementen wurde in den 1970er Jahren maßgeblich von den beiden McKinsey-Beratern *Tom Peters* und *Robert H. Waterman jr* entwickelt und in verschiedenen Publikationen veröffentlicht.[60]

Dieses Führungsmodell kann quasi als die Geburtsstunde der Soft Skills gelten, denn erstmals wird hierbei zwischen „harten“ und „weichen Führungselementen“, den „Soft Skills“ unterschieden. Während die harten „S“ in der Regel in den Betrieben gut dokumentiert sind, sind die weichen „S“ wesentlich schwerer zu fassen.

Die harten Führungselemente umfassen die Strategie, die Struktur und die Systeme des Unternehmens. Häufig werden die harten „S“ nachvollziehbar in Leitbildern, Strategiepapieren, Organisationsstrukturen und in Prozessroutinen niedergelegt. Im Rahmen von betrieblichen Umgestaltungsprozessen, dem Change Management, wird meist auf diese Größen Bezug genommen. Viele Unternehmen konzentrieren sich allein auf diese drei harten Faktoren, weil sie einfach leichter nachzuweisen und darzustellen sind. Dieses gilt nicht nur für gewerbliche Unternehmen, sondern auch für NPO.

---

59 *McGregor* (1970), S. 61 ff.

60 *Waterman/Peters/Phillips* (1980), p. 14-26; *Peters/Waterman* (1982); *Pascale/Athos* (1981)

Unstrittig sind auch die vier weichen „S“ für den Unternehmenserfolg wichtig. Der Begriff vier „S“ leitet sich aus den englischen Begriffen „Staff“, also die Personalstruktur, „Style“, womit der Führungsstil, die Beziehungen zwischen den Mitarbeitern und die Unternehmenskultur gemeint sind sowie „Skills“ ab, worunter die Fähigkeiten und Fertigkeiten verstanden werden. Hinzu kommen die „Superordinate Goals“ oder „Shared Values“, was als übergeordnete, gemeinsame Werte übersetzt werden kann. Um diese „Superordinate Goals“ ordnen sich grafisch die anderen Ziele an.

Bedeutsam ist insbesondere der Zusammenhang zwischen Kompetenz, Unternehmenskultur und Führung, der herausgestellt wird. Um überhaupt sinnvoll Führungskompetenz entwickeln zu können, muss sie als eine individuelle Fähigkeit verstanden werden, die aus dem Zusammenwirken unterschiedlicher Faktoren resultiert. Nur dann kann Kompetenz entwickelt und verschiedene Methoden und Techniken, also Soft Skills, können hierzu erlernt werden. Der Einzelne muss die zu seiner Persönlichkeit und Organisationskultur am besten passende Führungsstruktur finden.

Die Mitarbeiter- oder Personalführung stellt bei diesem Modell hohe Anforderungen an die Führungsfähigkeit der Führungskräfte. Während vielfach noch ausschließlich die sachbezogene Aufgabenorientierung im Mittelpunkt steht, müssen hierbei auch die sozialen Kompetenzen entwickelt werden. Ziel ist ein Führungsverhalten, das durch einen eher partizipativen, die jungen Feuerwehrleute motivierenden, Stil geprägt ist.

Man könnte zahlreiche weitere Modelle zur Führungspersönlichkeit aufführen und würde feststellen, dass diese sich nach Sichtweise und wissenschaftlicher Ausrichtung deutlich unterscheiden. Die entscheidende Frage ist, welche Führungskompetenzen ehrenamtliche Führungskräfte in NPO auszeichnen sollten und danach, wie diese entwickelt werden können.

3. Tätigkeiten im dritten Sektor

Zwischen marktwirtschaftlichen Gegebenheiten und den staatlichen Regelungen gibt es vielfältiges zivilgesellschaftliches Engagement. Die Grenzen sind weder eindeutig definiert noch lassen sie sich klar erkennen. Die freiwilligen Feuerwehren und damit auch die Deutsche Jugendfeuerwehr zählen zum so genannten „Dritten Sektor", der zwischen Staat und Erwerbswirtschaft angesiedelt ist. Dieser Bereich ist weder eindeutig abgegrenzt noch benannt: soziale Arbeit, Sozialwirtschaft, Économie Sociale, Nonprofit- oder Nongovernment-Organisationen (NPO/NGO) sind Begriffe, die teils synonym, teils differenzierend verwendet werden.

Weitgehende Einigkeit besteht nur über die wachsende Bedeutung dieses Bereichs für die Gesellschaft. Wurde in den vergangenen Jahren gerne von der Erosion des Ehrenamtes gesprochen, so zeigen die jüngsten Zahlen in eine andere Richtung: Nach den Ergebnissen des 2. Freiwilligensurveys 2004 engagieren sich 36% aller Bürgerinnen und Bürger ab 14 Jahren freiwillig; das sind mehr als 23,4 Millionen Menschen. Die Zahl der freiwillig Engagierten ist im Vergleich zum 1. Freiwilligensurvey 1999 damit um zwei Prozent angestiegen.[61]

Die freiwilligen Tätigkeiten sind vielfältig: Jugendtrainer, Feuerwehrleute, Helfer in sozialen und kirchlichen Bereichen, in Kultur- und Freizeitvereinen oder in beruflichen und politischen Interessenvertretungen, um nur einige Beispiele zu nennen. Freiwilliges Engagement ist längerfristig, durchschnittlich 9 Jahre sind die Engagierten dort tätig.

In den vergangenen Jahren wurde das ehrenamtliche Engagement von der Politik wieder entdeckt. Ehrenamtlichkeit wird als Ressource der Erwerbsarbeit gesehen; Modelle der Vermischung von bürgerlichem Engagement und Erwerbsarbeit wie das Konzept der Bürgerarbeit von *Ulrich Beck* wurden entwickelt und Vorschläge, durch Ehrenämter auch Rentenanwartschaften zu erhalten, gemacht.[62] Der Deutsche Bundestag hat 1999 erstmals eine Enquete-Kommission zur Zukunft des bürgerschaftlichen Engagements eingesetzt, um diese Gesellschaftskultur aufzuarbeiten und fortzuschreiben.[63]

---

61 vgl. BMFSFJ (2005)

62 *Beck* (1999)

63 *Graf Strachwitz* (2004), S. 1-3

Bei so viel Aufmerksamkeit und Beachtung stellt sich die Frage, wie die ehrenamtlich tätigen Menschen für diese Tätigkeiten qualifiziert werden, was sie aus Berufs- und Privatleben mitbringen, was sie andererseits aber auch aus diesem Engagement in die Berufswelt übernehmen können. Unstrittig bestehen Austauschprozesse zwischen diesen unterschiedlichen Formen der Betätigung. Denn die Grenzziehung zwischen Kompetenzen des Erwerbslebens und denen des Ehrenamtes ist oft nicht möglich. Am Beispiel der Deutschen Jugendfeuerwehr wird im Folgenden aufgezeigt, wie Kompetenzen bei ehrenamtlichen Führungskräften entwickelt werden können und welche Austauschprozesse mit dem Erwerbsleben bestehen.

Diesem Sektor werden die meisten Aufgaben der Strukturverschiebungen und Strukturänderungen zugemutet. Der „Umbau des Sozialstaats" wirkt sich unmittelbar hierauf aus: die technischen Anforderungen steigen, durch die Veränderung der Wettbewerbssituation entsteht ein zunehmender Ökonomisierungsdruck auf die Träger im Dritten Sektor, die Leitbilder ändern sich vom versorgten zum selbstbestimmten Menschen und damit wird das Personal vor neue Herausforderungen gestellt.

Eigenständigkeit und Lösungsfähigkeit kann nur von Mitarbeitern erwartet werden, die über umfassendes Fachwissen verfügen und die notwendigen Sozial- und Methodenkompetenzen haben, um ihre Entscheidungen sensibel, aber auch konsequent umzusetzen.[64] Die logische Konsequenz ist, dass alle dort Tätigen von den haupt- bis zu den ehrenamtlich Engagierten auch über die notwendigen Kompetenzen verfügen müssen. Dabei ist die Fragestellung, inwieweit gerade die freiwillig Tätigen auf ihre Aufgaben vorbereitet werden, bisher kaum umfänglich beachtet worden, sondern eher sporadisch.

3.1 Tätigkeitsstrukturen in NPO

Um die Bedeutung dieser Frage einschätzen zu können, müssen die Größenordnungen bekannt sein. Konkret geht es darum, wie viele Personen im dritten Sektor engagiert sind und in welchen Formen sie dieses tun. Diese Fragen sind nicht einfach zu beantworten, denn soziale Dienstleistungen werden unterschiedlich strukturiert, gegliedert und differenziert. Nach der *International Classification of Nonprofit Organisations* (ICNPO) gibt es zwölf Haupttätigkeitsbereiche. Die Feuerwehren können dem Bereich 4 „Soziale Dienste" zugeordnet werden, der unter anderem die

64 *Tiemann* (2004), S. 13 ff.

Sozialen Dienste/Einrichtungen des Sozialwesens, Katastrophenschutz und -hilfe sowie finanzielle Unterstützung und Beihilfen umfasst.

Gekennzeichnet ist der Nonprofit-Bereich durch einen hohen Frauenanteil (1990: 69 %; Gesamtwirtschaft 41 %), mehr Teilzeitarbeit (1990: 27 %; Gesamtwirtschaft 11 %) und fehlende Selbstständige. Umgerechnet in vollzeitadäquate Beschäftigung waren 1990 in den Sozialen Diensten 328.733 Menschen beschäftigt, was einer Quote von 32,3 % an allen Beschäftigten im Dritten Sektor entspricht. Auf Katastrophenschutz und -hilfe entfielen hierbei 4.488 vollzeitäquivalente Beschäftigungsverhältnisse. In der Studie der *Johns Hopkins University*, Baltimore, werden in den Sozialen Diensten insgesamt 422.676 ehrenamtliche und freiwillige Tätige gezählt, was 36.785 vollzeitäquivalenten Stellen entsprechen würde. Damit beträgt das Verhältnis Beschäftigte zu Freiwillige 8,94.[65]

Der dritte Sektor unterscheidet sich von der gewerblichen Wirtschaft und dem Staat also vor allem durch das Zusammenwirken von ehrenamtlichen und professionellen Tätigkeiten mit zahlreichen Zwischenstufen. Viele professionelle Tätigkeiten könnten gar nicht existieren, wenn es nicht ehrenamtlich Tätige und Zivildienstleistende gäbe. Die fließenden Übergänge zwischen entgoltener Erwerbsarbeit, semiprofessionellen Tätigkeiten und freiwilligen Aufgaben sind ein Grund dafür, dass hierin zunehmend ein Reservoir für neue Berufe und Erwerbsarbeit gesehen wird.

Dieses resultiert auch aus den gestiegenen Anforderungen und neuen gesetzlichen Regelungen. Beispiele sind die Pflegegesetzgebung oder der Rettungsassistent, für den eine bundesweit einheitlich geregelte zweijährige Ausbildung an Berufsfachschulen obligatorisch wurde.[66] Zunehmend werden ursprünglich damit rein ehrenamtliche Tätigkeiten beispielsweise in der Gesundheits- und Sozialwirtschaft professionalisiert.

Im NPO-Bereich existieren zwischen den professionellen Beschäftigten und freiwillig Tätigen auch vielfältige andere Beschäftigungsformen. Es sind dies insbesondere geringfügig Beschäftigte sowie Zivildienstleistende und Praktikanten, die keinem traditionellen Arbeitsmarktsegment zu-

---

65 Johns Hopkins Comparative Nonprofit Sector Project; zit. nach *Anheier/Priller* (1997), S. 72 ff.

66 Gesetz über den Beruf des Rettungsassistenten/der Rettungsassistentin (Rettungsassistentengesetz - RettAssG) vom 10.7.1989 (BGBL I S.1384), zuletzt geändert am 27.4.2002 (BGBl. I S.1467); Ausbildungs- und Prüfungs-Verordnung für Rettungsassistenten/Rettungsassistentinnen (RettAssAPrV) vom 7.11.1989 (BGBL I S.1966), zuletzt geändert am 6.12.1994 (BGBL I S.3770)

zuordnen sind. Diese Formen des „2. Arbeitsmarktes“ werden von vielen Betrieben der NPO als Strategie zur Kostenreduzierung angewandt.[67]

Der Zivildienst ist im Zivildienstgesetz geregelt und setzt voraus, dass vor der Beschäftigung von Zivildienstleistenden die entsprechende Einrichtung als Zivildienststelle vom Bundesverwaltungsamt anerkannt und ein entsprechender Vertrag abgeschlossen worden ist. An den Einsatz von Zivildienstleistenden sind viele Sonderregelungen geknüpft, die die Ausbildung, Unterbringung und Versetzung betreffen. Die Zivildienststellen müssen für Unterkunft, Verpflegung und Arbeitskleidung der Zivildienstleistenden sorgen und einen Sold zahlen. Der Bund erstattet 75% der zu zahlenden Geldbezüge pauschal und auf Antrag gibt es auch Aufwandszuschüsse zu den Sachleistungen.[68]

Den überwiegenden Anteil der Tätigen in den NPO machen, wie gezeigt, die Freiwilligen aus. Dabei haben die Freiwilligen Feuerwehren und Rettungsdienste die professionellsten Organisationsstrukturen und arbeiten am stärksten nach dem Subsidiaritätsprinzip. Oft agieren sie in der Organisationsform kommunaler oder staatlicher Einrichtungen. Es verwundert daher auch nicht, dass 96% der Freiwilligen hier auch Mitglied ihrer jeweiligen Organisation sind. Freiwillige Feuerwehren und Rettungsdienste haben damit den höchsten Organisationsgrad unter allen Institutionen bürgerlichen Engagements.

Überhaupt weisen die freiwilligen Tätigkeiten zahlreiche Elemente beruflicher Professionen auf. Die Tätigkeiten bei den freiwilligen Feuerwehren zeichnen sich zudem durch Dauerhaftigkeit und Langfristigkeit aus, sind zeitlich unbegrenzt angelegt und sind mit regelmäßigen terminlichen Verpflichtungen verknüpft. Die ehrenamtlichen Strukturen werden hier als besonders stabil angesehen. Das ehrenamtliche Engagement findet häufig am Wochenende statt und substituiert damit Aufgaben hauptamtlicher Beschäftigter. Insgesamt steigt der Anteil substitutiver Tätigkeiten bei den Feuerwehren.[69]

Das alles unterstreicht, dass ehrenamtliches Engagement bei freiwilligen Feuerwehren und Rettungsdiensten viele Elemente professioneller Erwerbsarbeit einbezieht. Dies ergibt sich aus der Natur der Aufgaben, die nicht en passant erledigt werden können. Insofern stellt sich die Frage, wie ehrenamtliche Feuerwehrleute auf ihre anspruchsvollen Aufgaben vorbereitet und motiviert werden.

---

67 *Bendele* (1992), S. 77 f.

68 vgl. zu den Regelungen bspw. *Liebhäuser* (2000), Kapitel 7

69 vgl. BMFJFS 2005, S. 112 ff.

3.2 Übergänge zwischen professionellen und freiwilligen Tätigkeiten

Die obigen Überlegungen zeigen, dass die strikte Trennung zwischen ehrenamtlichen und hauptberuflichen Tätigkeiten zwar formal arbeitsrechtlich zu ziehen ist, es bei den Tätigkeitsmerkmalen jedoch viele Überschneidungen gibt. Die Frage ist, ob diese Überschneidungen sich auch bei der Entgeltgestaltung und Organisationsstruktur ergeben und daher hierin ein Führungsmittel zu sehen ist.

Organisatorisch sind die Beziehungen zwischen ehrenamtlichen und professionellen Tätigkeiten oft eng. Vielfach wird eine vorhergehende ehrenamtliche Tätigkeit als Einstellungsvoraussetzung angesehen, um in diesem Bereich tätig werden zu können. Viele Organisationen erwarten zudem, dass neben der hauptamtlichen parallel die ehrenamtliche Tätigkeit beibehalten oder aufgenommen wird.

Dies wiederum eröffnet Möglichkeiten der Entgeltgestaltung, bei der das Erwerbseinkommen durch steuerfreie Aufwandsentschädigungen ergänzt wird. Das Nettoentgelt kann so bei einem vergleichsweise geringen Bruttoentgelt deutlich über vergleichbaren Einkommen in reinen Erwerbsverhältnissen liegen. Viel freiwilliges Engagement liegt zwischen regulären und nicht einkommensbezogenen Tätigkeiten. Es gibt Tendenzen, welche die scharfe Trennlinie zwischen bezahlter Erwerbsarbeit und ehrenamtlichen Tätigkeiten schwinden lassen.[70]

Nicht selten bilden Transferleistungen in Form von Aufwandsentschädigungen einen sichtbaren Beitrag zum Familieneinkommen. Insbesondere tragen hierzu monetäre Gratifikationen wie Aufwandsentschädigungen und die Zunahme „ungeschützter Arbeitsverhältnisse“, beispielsweise als Honorarkräfte bei. Die Frage ist, bis wann eine Tätigkeit noch als unentgeltlich gilt.

Nach den einschlägigen gesetzlichen Regelungen gilt eine Tätigkeit dann als unentgeltlich, wenn nur Aufwandsentschädigung oder Auslagenersatz gewährt wird.[71] Derartige Einnahmen aus ehrenamtlichen Tätigkeiten können steuerfrei sein, wenn bestimmte Bedingungen eingehalten werden. Es muss sich um eine begünstigte Tätigkeit handeln, wozu nur solche im gemeinnützigen, mildtätigen oder kirchlichen Bereich zählen, die im

70 *Müller, et al.* (1992), S. 231

71 vgl. Bundesarbeitsgemeinschaft der Freien Wohlfahrtspflege, zitiert nach *Wessels* (1994), S. 13

Dienst einer öffentlich-rechtlichen oder gemeinnützigen Körperschaft erfolgen. Diese Einnahmen sind bis zu 1.848 € im Jahr steuerfrei (§ 3 Nr. 26 EStG). Zu den begünstigten Tätigkeiten im Gesundheits- und Sozialbereich gehören beispielsweise die Betreuung von Kindern, Behinderten, Alten oder Ausländern sowie die Leitung von Jugendgruppen. Damit sind Aufwandsentschädigungen für die Leitung von Jugendgruppen bei der Deutschen Jugendfeuerwehr in diesem Rahmen steuerfrei.

Dabei kommt es nicht darauf an, dass die betreffende Person formale Qualifikationen besitzt, beispielsweise einen Übungsleiterschein. Maßgeblich ist, dass die genannten Tätigkeiten tatsächlich ausgeübt werden. Auch im Sozialversicherungsrecht zählen diese Einnahmen nicht zum Arbeitslohn, so dass sie beitragsfrei bleiben und der Arbeitgeber keine Pauschalbeiträge an die Renten- und Krankenversicherung entrichten muss.[72]

Entgelt kann also durchaus eine gewisse Rolle als Führungsinstrument spielen. Allerdings ist die Bedeutung als extrinsische Motivation mit der bei beruflichen Tätigkeiten nicht zu vergleichen. Es besteht keine Analogie zur Führung mit Entgelt wie bei Erwerbstätigkeiten. Dieses belegen auch die entsprechenden quantitativen Angaben: Immerhin 86% aller ehrenamtlichen Tätigkeiten finden ohne jedes Entgelt statt, bei Feuerwehren und Rettungsdiensten sind es 76%. Auch die Form des Entgelts belegt dies; am häufigsten gibt es bei den freiwilligen Feuerwehren eine pauschale Aufwandsentschädigung (17%) und geringfügige Bezahlung (7%), während Honorare nicht gezahlt werden.[73]

3.3 Deutsche Feuerwehren als NPO

Die Deutsche Feuerwehr spielt zweifelsohne eine herausragende Rolle im dritten Sektor, was aus ihrer Aufgabenstellung, ihrer Größe und ihrer Geschichte resultiert. Die Feuerwehren gehören zu den ersten Tätigkeitsbereichen für freiwilliges Engagement. Die Bedrohung menschlicher Behausungen durch Feuer hat bereits im vorchristlichen Rom dazu geführt, dass erste Feuerwehren professionell eingerichtet wurden. Ähnliche Berichte lassen sich auch in Quellen anderer Kulturen wie in Japan finden. Die Entstehung der Feuerwehren in ihrer heutigen Form in Deutschland datiert auf das Jahr 1851, als in Berlin die erste militärisch organisierte Berufsfeuerwehr in Deutschland geschaffen wurde. Sie unterstand dem

72 vgl. § 14 Abs.1 SGB IV
73 vgl. BMFJFS 2005, S. 174 ff.

königlichen Polizeipräsidium. Mit einer Berliner Polizeiverordnung wurde gleichzeitig die erste örtliche Verkehrsregelung in Kraft gesetzt, die der Feuerwehr im Straßenverkehr Vorfahrt einräumte. In § 1 heißt es: „*Fußgänger, Reiter und Fuhrwerke müssen dem Fuhrwerk der hiesigen Feuerwehr die Passage frei machen.*“[74]

Aus diesen ersten Anfängen hat sich zwischenzeitlich ein ausgeklügeltes System an Feuerwehren entwickelt. Derzeit gibt es in Deutschland 23.291 Feuerwehren unterteilt in 22.274 Freiwillige Feuerwehren, 100 Berufsfeuerwehren und 917 Werksfeuerwehren. Zusätzlich gibt es 17.545 Jugendfeuerwehren. Insgesamt sind 1.375.568 Mitglieder zu nennen.[75] 3% der Bevölkerung sind bei Feuerwehren und Rettungsdiensten ehrenamtlich tätig. Diese Tätigkeiten sind sehr stabil und in aller Regel auf Dauer angelegt.[76]

Ein derart großes und umfassendes System des Brand- und Bevölkerungsschutzes bedarf entsprechender organisatorischer Strukturen. Die Wurzeln des *Deutschen Feuerwehrverbandes* (DFV) sind daher fast genauso alt wie die organisierten Feuerwehren selbst. Die Anfänge des Deutschen Feuerwehrverbandes sind auf den Ulmer Feuerwehrkommandanten *Conrad Dietrich Magirus* zurückzuführen, der am 10. Juli 1853 mit öffentlicher Aufforderung die Feuerwehren des Landes zu einer Versammlung nach Plochingen zusammenrief mit dem Ziel, einen Verein zu gründen. Das ungeordnete Nebeneinander einer großen Zahl von Freiwilligen Feuerwehren weckte das Bedürfnis nach gegenseitigem Erfahrungsaustausch. Heute bilden die Feuerwehrverbände der 16 Bundesländer sowie die Bundesgruppen Berufsfeuerwehr und Werksfeuerwehr den Deutschen Feuerwehrverband. Daneben ist der *Deutsche Feuerwehrverband* noch in weitere Interessenvertretungen und Verbände eingebunden.[77]

3.3.1 Engagement in den Feuerwehren

Eine der Hauptaufgaben ist der Bevölkerungsschutz. In Deutschland sind 1,7 Millionen ehrenamtliche Helferinnen und Helfer im Zivil- und Katastrophenschutz engagiert. Nach Einschätzung des Bundesinnenministeriums ist der Bevölkerungsschutz ohne das Ehrenamt nicht durchzuführen.

74 vgl. Deutscher Feuerwehrverband (Hrsg.): Das große Feuerwehrhandbuch, Augsburg März 1998

75 Diese Angaben basieren auf der Jahresstatistik 2004 des Deutschen Feuerwehrverbandes. Deutscher Feuerwehrverband (Hrsg.): Feuerwehr-Jahrbuch 2005/06. Bonn 2005

76 vgl. BMFJFS 2005, S. 26 ff.

77 Quelle: Homepage des Deutschen Feuerwehrverbandes

Daher wurden zehn Empfehlungen im Arbeitskreis V „Feuerwehrangelegenheiten, Rettungswesen, Katastrophenschutz und Zivile Verteidigung" der Innenministerkonferenz verabschiedet, mit denen das Ehrenamt im Zivil- und Katastrophenschutz nachhaltig gefördert werden soll.[78]

Um das Ehrenamt zu fördern muss bekannt sein, mit welchen Erwartungen sich Menschen dort engagieren. Grob unterschieden werden die Erwartungstypen „Interessenorientierte", „Gemeinwohlorientierte" und „Geselligkeitsorientierte". Sicherlich kommen immer alle Typen vor, Menschen suchen den sozialen Kontakt und haben Interesse an der Sache, wollen aber auch Gutes für die Gemeinschaft leisten. Im Bereich „freiwillige Feuerwehr und Rettungsdienste" ist die Zahl der Gemeinwohlorientierten von 1999 bis 2004 deutlich angestiegen. Verteilten sich die Engagierten 1999 noch absolut gleichmäßig auf alle Erwartungstypen, Gemeinwohl 33%, Geselligkeit 34% und Interesse 33%, so haben sich die Zahlen 2004 deutlich geändert: der Anteil der Interessenorientierten blieb mit 33% gleich, aber der Anteil der Geselligkeitsorientierten sank auf 27%, während der Anteil der Gemeinwohlorientierten auf 40% anstieg. Eine höhere Gemeinwohlorientierung findet sich nur noch bei den sozialen Tätigkeiten.[79]

Gerade die freiwilligen Feuerwehren erleben damit einen starken Wechsel in der Motivation, warum sich Menschen hier engagieren. War es früher eher die Geselligkeit, so liegen die Motive heute verstärkt im sozialen Engagement für die Gemeinschaft. Eine derartige Veränderung der Motivlage führt zwangsläufig zu der Frage, welche Kompetenzen bei den Führungskräften notwendig sind, um diese Erwartungen erfüllen zu können. Für die gesellige Runde sind offensichtlich weniger Kompetenzen notwendig als bei Arbeiten für die Gemeinschaft.

3.3.2 Deutsche Jugendfeuerwehr

Die *Deutsche Jugendfeuerwehr* ist die Jugendorganisation des Deutschen Feuerwehrverbandes. Sie ist im Verband zuständig für die feuerwehrtechnische Ausbildung der Jugend und die Jugendarbeit der Feuerwehr insgesamt. Es gibt mehr als 23.000 Feuerwehren, Jugendfeuerwehren gibt es bisher in 17.608 Feuerwehren, nicht jede Feuerwehr hat also eine eigene Nachwuchseinrichtung. Insgesamt hat die Jugendfeuerwehr rund 255.000 Mitglieder, von denen jedes vierte weiblich ist. Damit ist die DJF eine der

78 Quelle: Bundesministerium des Inneren: Homepage zum Bevölkerungsschutz
79 vgl. BMFJFS 2005, S. 106 ff.

bedeutendsten Jugendorganisationen in Europa. Nach der Altersstruktur sind 26 % der Mitglieder bis 12 Jahre alt, 46 % zwischen 13 und 15 Jahren und 28 % sind 16 Jahre und älter.

Grundsätzlich richten sich die Angebote der Jugendarbeit an Jugendliche und junge Erwachsene zwischen 14 und 27 Jahren. Hier stellen die Jugendfeuerwehren eine Ausnahme dar, da sich ihre Angebote schwerpunktmäßig auf Kinder und Jugendliche zwischen 10 und 18 Jahren konzentrieren. Der Grund liegt darin, dass es mit Erreichen der Volljährigkeit den jungen Erwachsenen möglich ist, in die Einsatzabteilungen der Freiwilligen Feuerwehren zu wechseln.

Wie notwendig Jugendarbeit ist, zeigt das „Freiwilligensurvey" des BMFSFJ aus dem Jahr 2005. Das Durchschnittsalter ist im Zeitraum von 1999 bis 2004 bei allen Freiwilligen-Einrichtungen um etwa zwei Jahre gestiegen. Am auffälligsten vollzog sich diese Veränderung im Bereich „freiwillige Feuerwehr und Rettungsdienste", wo der Altersanstieg am höchsten war.[80] Als größte Herausforderung für die Jugendarbeit muss heute der gesellschaftliche Wandel mit den Auswirkungen auf die Jugendlichen verstanden werden. So kann nicht mehr von einer eindimensionalen Gruppe ausgegangen werden, sondern es gibt vielfache spezifische jugendkulturelle Formen mit wechselnden Interessen und Bedürfnissen. Eine zeitgemäße Jugendarbeit greift diese Tatsache auf und passt ihre Angebote und Maßnahmen darauf hin an.

Die Jugendarbeit der Deutschen Jugendfeuerwehr erfolgt nach den Richtlinien des Kinder- und Jugendplans des Bundes (KJP). Sie orientiert sich hierbei an bestimmten Kriterien und geht von entsprechenden Voraussetzungen aus. Sie ist eine Form des außerschulischen Bildungsbereichs, die durch Freiwilligkeit und Mitbestimmung der Jugendlichen sowie Orientierung an den Interessen und Bedürfnissen der Jugendlichen gekennzeichnet ist. Die außerschulische Jugendarbeit wird in Deutschland zwar auch von öffentlichen, in der Mehrzahl aber von freien Trägern wahrgenommen. Die DJF ist als ein solcher freier und selbstständiger Träger nach Kinder- und Jugendhilfegesetz (SGB VIII) anerkannt.

Ziele der Jugendarbeit sind die Erziehung zu demokratischem Bewusstsein und Beteiligung an demokratischen Prozessen, Förderung der Hilfsbereitschaft und des sozialen Engagements, Vermittlung von Kommunikationsfähigkeit, Leistungsbereitschaft und Mitverantwortung sowie die Förderung der Persönlichkeit durch Einüben von Kritikfähigkeit,

80 vgl. BMFSFJ 2005, S. 95

Toleranz, Fairness und Verantwortungsbereitschaft.[81] Inhaltlich orientiert sich die Jugendarbeit zur Erreichung dieser Ziele an unterschiedlichen Wirkungsfeldern. Es ist dies unter anderem die allgemeine, politische, soziale, naturkundliche, technisch oder international ausgerichtete Jugendbildung.

Für die praktische Umsetzung bedeutet dies vor allem, dass die verantwortlichen Führungskräfte in der Jugendarbeit das notwendige Know-how besitzen müssen, um sich auf veränderte Situationen einstellen zu können. Führungskräfte der DJF sind erwachsene Feuerwehrleute mit feuerwehrtechnischer Qualifikation und einer Jugendgruppen-Zusatzausbildung. Basis der notwendigen Kompetenz ist ein verantwortungsbewusstes Handeln, das die Basis für jede Führungskraft in der Jugendfeuerwehr ist. Die Deutsche Jugendfeuerwehr definiert verantwortungsbewusstes Handeln über die Erfüllung der folgenden Grundsätze:

Teilnehmergerechtes Verhalten. Interessen, Wünsche, Unsicherheiten und Ängste werden ernst genommen.

Offenheit. Verantwortliche in der Jugendarbeit reagieren und agieren in unterschiedlichen Rollen; Vertrauensbildung, Glaubwürdigkeit und Ehrlichkeit kennzeichnen ihr Verhalten bei der Herbeiführung von Entscheidungen

Transparenz. Die Ziele und Aufgaben der Jugendfeuerwehr werden gegenüber Kindern, Jugendlichen, Feuerwehr, Familie und Gesellschaft verdeutlicht.

Integrativer und kooperativer Stil. Der Erziehungsstil der Führungskräfte und Verantwortlichen in der Jugendarbeit ist geprägt durch partnerschaftlichen Umgang, Rücksicht auf den Einzelnen und Integration möglichst aller Kinder und Jugendlichen.[82]

Die Jugendfeuerwehrarbeit lebt von der Verantwortungsbereitschaft und Aufgeschlossenheit der überwiegend ehrenamtlich Tätigen. Sie benötigen gesellschaftliche, finanzielle und organisatorische Rahmenbedingungen, die der Bedeutung der Aufgabe gerecht werden. Hierzu müssen die Führungskräfte auch über die entsprechenden Soft Skills verfügen, um eine entsprechende Methodenvielfalt in die Arbeit bei der DJF einbringen zu können. Sie sollen insbesondere in der Lage sein, bei allen Aktivitäten

81 Quelle: Flyer „Neue Wege gehen – Partnerschaft baut Brücken“ zum Start der 1. Seminarreihe. Bonn/München 1999, S. 5

82 vgl. Deutsche Jugendfeuerwehr (Hrsg.), Helfer in der Jugendfeuerwehr, S. 11

Methoden anzuwenden, die Kinder- und Jugendliche selbst aktiv werden lassen.[83] Als besonders geeignet gelten folgende Unterrichtsmethoden:

- Experimente
- Gruppen- und Einzelarbeit
- erlebnispädagogische Aktionen
- Projektarbeit
- Spiel u. Wettbewerb
- Teamarbeit
- praktische Übungen

Der angemessene Einsatz solcher Methoden stellt hohe Anforderungen an das Führungsverhalten und die Soft Skills der Verantwortlichen. Aktuelle Angebote in der Jugendarbeit stützen sich auf eine Verbindung von Fachwissen, Persönlichkeit, pädagogischem Geschick und praktischen Fähigkeiten der Verantwortlichen. Daher wird die Bereitschaft, Verantwortung in der Jugendarbeit zu übernehmen, durch Qualifizierungs- und Beratungsangebote, Ausbildungsmaterialien und Arbeitshilfen der Deutschen Jugendfeuerwehr, der Landesjugendfeuerwehren sowie allen weiteren Gliederungen unterstützt.

Die Gore-Seminare ergänzen diesen ganzheitlichen Ansatz hervorragend, da sie die Führungskompetenz durch verbesserte Soft Skills der Sozial- und Methodenkompetenz fördern. Mit den in den Gore-Seminaren trainierten Soft Skills können die Führungskräfte die erhöhten Anforderungen an Schlüsselqualifikationen und an die Eigenverantwortung noch besser erfüllen, als sie es aufgrund ihrer persönlichen und beruflichen Kompetenzen bereits können.

83 vgl. Deutsche Jugendfeuerwehr (Hrsg.), Helfer in der Jugendfeuerwehr, S. 11

4. Soft Skills durch freiwilliges Engagement

In der Studie des *Bundesministeriums für Familie, Senioren, Frauen und Jugend* zum freiwilligen Engagement 1999-2004, dem „Freiwilligensurvey 2004" wird ausgeführt, dass gerade Jugendliche durch ihr freiwilliges Engagement einen ganz wesentlichen Lerngewinn haben. Aber auch in der Zielgruppe für die Gore-Seminare, deren Alter zwischen 25 und 34 Jahren liegt, wird von den engagierten Tätigkeiten zu 11% in sehr hohem und zu 41% in hohem Umfang profitiert; 40% geben an, noch in einem gewissen Umfang zu profitieren und nur 8% sind der Meinung, sie hätten hierdurch keine Lernfortschritte zu verzeichnen.[84]

Der Begriff „Lernen" wurde in dieser Studie weit definiert: neben den Wissenserwerb treten informelles und soziales Lernen, die für die Persönlichkeitsentwicklung einen wichtigen Beitrag leisten können. Dabei ist das freiwillige Lernen oft wesentlich intensiver: wer Erfahrungen bei einem Einsatz gemacht hat und dort die Umsetzung seiner Kompetenzen erleben konnte, erwirbt über diese Lernerfahrungen auch ein fundiertes Selbstbewusstsein. Fachwissen, gepaart mit Belastbarkeit und Organisationstalent sind die wichtigsten Lernergebnisse, die besonders junge Menschen erwerben. Dieses kann noch durch verstärkte gesellschaftliche Anerkennung und positive Bewertungen bei Bewerbungen um berufliche Tätigkeiten gefestigt werden.

Trotz dieser positiven Effekte ist das Thema Aus- und Fortbildung im Ehrenamt ein insgesamt noch unterentwickeltes Gebiet. Ursachen werden in der Überlastung der hauptamtlichen Mitarbeiter gesehen, die die Bildungsmaßnahmen durchführen müssten, zudem fehlen oft auch die organisatorischen und finanziellen Mittel, um hochwertige Bildungsangebote für freiwillig Engagierte anbieten zu können.[85] Insofern müssen die Personalentwicklung sowie die Aus- und Weiterbildung für freiwillig Engagierte anders gestaltet werden als dieses bei Erwerbstätigen der Fall ist.

---

84 vgl. BMFSFJ 2005, S. 248 ff.

85 *Bender* (2004), Heft 1, 15. Jg., S. 16; vgl. auch *Lange* (2004), Heft 6, 15. Jg., S. 260-262

4.1 Personalentwicklung in NPO

Damit sich Personal, in diesem Fall also die freiwillig engagierten Feuerwehrleute, entwickeln kann, sind die notwendigen Kompetenzen zu schaffen. Greift man auf den zugrunde liegenden englischen Begriff „development" zurück, so bedeutet der Begriff „entwickeln", insbesondere aber „entfalten" und „erweitern". Die Kompetenzentwicklung ist dementsprechend die Entfaltung vorhandener Kompetenzen der freiwillig Engagierten und auch deren Erweiterung.

Die Personalentwicklung stellt an Führungskräfte in Nonprofit-Organisationen besondere Anforderungen: Menschen, die freiwillig und aus sozialen Motiven oder zeitlich befristet in der Sozialwirtschaft beschäftigt sind, können nicht so entwickelt werden wie Arbeitnehmer. Anreize wie höheres Entgelt oder Beförderung entfallen ebenso weitgehend wie Sanktionen, denn in der Konsequenz wäre mit dem Verlust dieser Tätigen zu rechnen.

Viele derzeitige Publikationen in der Sozialwirtschaft, die bei betriebswirtschaftlichen und insbesondere personalwirtschaftlichen Theorien und Modellen Anleihen nehmen, sind daher mit Vorsicht zu betrachten. Ob *Taylors* Human Engineering oder *Senges* Lernende Organisation: keines dieser Modelle ist für Nonprofit-Organisationen konzipiert und daher nicht eins zu eins übertragbar. Dies zeigt sich allein schon an den Begrifflichkeiten: Personalentwicklung wird oft noch als Mitarbeiterentwicklung bezeichnet. Zudem beziehen sich die Konzepte in erster Linie auf die dort beruflich Tätigen und weniger auf die freiwillig Engagierten.

Neben der fehlenden oder unzureichenden Anpassung an die Rahmenbedingungen ist ein oft nicht ausreichend berücksichtigtes Problem die Erfolgsmessung. Ähnlich wie bei der Beurteilung des Führungserfolges[86] fehlt auch für den Erfolg der Personalentwicklung ein reliabler Maßstab. In kommerziellen Unternehmen wird der Erfolg der Personalentwicklung meist anhand der Unternehmensperformance gemessen. Ergebnisgrößen sind Produktivität, finanzieller Erfolg, multiple Effekte und subjektive Performance.[87] Eine derartige wertorientierte Betrachtung der Personalentwicklung verbietet sich in Nonprofit-Organisationen sowohl aus ethischen als auch aus pragmatischen Gründen. Für freiwillig Tätige sind solche Maßstäbe erst recht nicht zu gebrauchen. Daher müssen andere Evaluierungskriterien gefunden werden, die sich

86 vgl. Kap. 2.3.2

87 *Sonntag/Stegmaier* (2006), S. 390 ff.

an den spezifischen Bedingungen der Nonprofit-Organisationen orientieren.

Ein Ansatz hierzu ist der Stand der Personalentwicklung aus der Sicht der Betroffenen. Die Studie des BMFJFS zeigt für die Freiwilligen Feuerwehren und Rettungsdienste ein weitgehend erfreuliches Bild. Immerhin 79% der Befragten fühlten sich 2004 den Anforderungen gewachsen, im Jahr 1999 waren es erst 67%. Dagegen ist der Anteil derjenigen, die sich gelegentlich überfordert fühlten von 33% im Jahr 1999 auf 21% im Jahr 2004 gesunken. Dies ist der größte Rückgang bei allen Freiwilligenorganisationen.[88] Es ist offensichtlich, dass tatsächlich eine bessere Vorbereitung auf die Anforderungen bei den Freiwilligen Feuerwehren und Rettungsdiensten erfolgt ist. Wie es zu dieser Verbesserung kam, kann angesichts fehlender weiterer Analysen nicht geklärt werden.

Die Zielsetzungen der Personalentwicklung und insbesondere der Fortbildungen im Ehrenamt müssen zudem so formuliert werden, dass die unterschiedlichen Eingangsqualifikationen und Interessen der freiwillig Tätigen berücksichtigt werden. Hierzu ist es notwendig, dass die Anlässe beziehungsweise Ziele der jeweiligen Fortbildungen genau differenziert werden. Nach *Gahlen-Klose* lassen sich bei der Fortbildung im Ehrenamt vier Zielsetzungen unterscheiden:[89]

1. *Professionalisierungstendenzen*: Qualifizierung als objektiv gegebene Notwendigkeit, wie sie bei der Facharbeit und Fachausbildung der Feuerwehren vorgeschrieben ist.
2. *Gesellschaftliche Kontrolle*: Qualifizierung mit der Absicht, die ehrenamtlichen Leistungen für die Gesellschaft zu ermöglichen und zu steigern sowie eine externe Qualitätskontrolle zu ermöglichen.
3. *Selbstbezug*: Qualifizierung, um den freiwillig Engagierten die Möglichkeit zu geben, autonom und selbstbestimmt zu agieren. In diese Zielsetzung fallen die Gore-Seminare, die den Autonomiegrad der DJF-Führungskräfte deutlich erhöhen wollen.
4. *Kompensatorisches Angebot*: Durch Qualifizierung im Ehrenamt sollen insbesondere nicht privilegierte Gruppen mehr gesellschaftliche Teilhabe erlangen.

Während die erste Reihe der Gore-Seminare noch stark in der zweiten Zielsetzung verhaftet war, wurde die Ausrichtung der zweiten Gore-Se-

88 vgl. BMFJFS 2005, S. 132f.

89 in Anlehnung an *Gahlen-Klose* (1998), S. 10; zitiert nach *Bender* (2004), S. 16

minarreihe ausschließlich an der dritten Zielsetzung orientiert. Die Optimierung der Aufgabenerfüllung in der Jugendfeuerwehr sollte dadurch erfolgen, dass die bereits vorhandenen Kompetenzen ergänzt werden. Damit soll ein bedeutender Beitrag zu Persönlichkeitsentwicklung und Selbstsicherheit geleistet werden, mit den entsprechenden positiven Wirkungen auf die Führungstätigkeit.

4.2 Facharbeit und Fachausbildung

Bei den Deutschen Feuerwehren besteht, wie bei anderen Organisationen der Feuerwehren und Rettungsdienste auch, ein vorgeschriebenes Qualifizierungssystem. Dieses betrifft sowohl die dort hauptberuflich Beschäftigten als auch die freiwillig Engagierten. Betrachten wir zunächst die Personalentwicklung der hauptberuflich Tätigen, die vor großen Herausforderungen steht: Heterogene Eingangsqualifikationen, relativ geringe monetäre Leistungsanreize und Arbeits- beziehungsweise Einsatzzeiten, die eine langfristige und kontinuierliche Planung der Weiterbildungsmaßnahmen organisatorisch erschweren. Andererseits ist bei vielen Sozialberufen genau eine kontinuierliche Personalentwicklung vorgeschrieben.

Die Personalentwicklung der hauptberuflich Tätigen ist vom Kompetenzerwerb der freiwillig Engagierten nicht zu trennen. Dagegen sprechen die Übergänge vom Ehren- ins Hauptamt sowie die Tatsache, dass beide Gruppen häufig miteinander arbeiten und kooperieren müssen beziehungsweise sich gegenseitig substituieren können müssen. Nicht selten sind auch die hauptamtlichen Feuerwehrleute die Trainer und Dozenten der ehrenamtlichen Kollegen.

Die Fortbildungen für die ehrenamtlich Tätigen müssen daher zum einen denen der hauptamtlichen Kräfte weitgehend entsprechen. Zudem sollen sie auf den von den Teilnehmern eingebrachten Erfahrungen basieren und diese einbinden. Angesichts der heterogenen Eingangsbedingungen sind diese Anforderungen schwer zu realisieren. Teilnehmer kommen aus den unterschiedlichsten beruflichen und privaten Verhältnissen, verfügen über verschiedenartige Bildungskarrieren und -abschlüsse, die homogene Lerngruppen kaum zulassen.

Die Führungskräfte der DJF müssen darüber hinaus nicht nur für die Facharbeit, sondern auch für die Jugendarbeit qualifiziert werden. Die Gore-Seminare ergänzen dieses System, indem sie auf die Förderung von „Soft Skills“ in Form übergreifender Kompetenzen zielen. Um die Funktion und Bedeutung der Gore-Seminare zu verstehen, werden kurz die wichtigsten Strukturen der Feuerwehrqualifizierung dargestellt.

Grundsätzlich gilt, dass Feuerwehrrecht Landesrecht ist und Einsatz und Ausbildung daher länderspezifisch geregelt sind. Trotzdem besteht großes Interesse an einer bundesweiten und einheitlichen Ausbildung, für die die Feuerwehrdienstvorschriften die Basis bilden. Zuständig hierfür ist der Fachausschuss Ausbildung des *Deutschen Feuerwehrverbandes*, der bei den sich laufend ergebenden Änderungen von Technik, Recht und Strukturen sowie weiteren Rahmenbedingungen den zuständigen Gremien zuarbeitet. Die Fachqualifizierung erfolgt entsprechend diesen Richtlinien.

Als Facharbeit wird die inhaltliche und fachspezifische Erörterung aller Problem- und Tätigkeitsbereiche im Interesse der deutschen Feuerwehren bezeichnet. Dies dient auch zur Vorbereitung verbandspolitischer Meinungsbildung. Der *Deutsche Feuerwehrverband* hat hierfür die Sach- und Fachkompetenz in 14 Fachbereichen mit unterschiedlichen Aufgabenbereichen gebündelt. Unter Nutzung der vielfältigen Kenntnisse, Erfahrungen und Fähigkeiten der Angehörigen der deutschen Feuerwehren wird so ein hohes Maß an sachlicher und fachlicher Qualifikation der Arbeit erreicht.

Jeder Mitarbeiter in der Feuerwehr, ob professionell oder freiwillig, wird regelmäßig aus- und fortgebildet. Vorgeschrieben sind entsprechende Fachbereiche der feuerwehrtechnischen Ausbildung. Fachqualifizierungen sind beispielsweise:[90] anzuwendende Rechtsgrundlagen, Brandschutz, Objektkunde, Umwelt- und Atemschutz, ABC-Gefahrstoffe, Zivilschutz, Technische Hilfe, Fahrzeugtechnik, Kommunikation, Führung, Sanitätsdienst, Notfallnachsorge sowie Sport- und Gesundheit. Es müssen die Mindestanforderungen der verschiedenen Feuerwehr-Durchführungsverordnungen erfüllt werden. Die Ausbilder werden an den entsprechenden Landesfeuerwehrschulen zusätzlich für diese Aufgabe qualifiziert.

Diese Beispiele zeigen, dass neben den feuerwehrtechnischen und feuerwehrspezifischen Inhalten auch Fragen der Kommunikation und Führung behandelt werden. Kommunikation ist hierbei ein vielschichtiger Begriff und kann auch die technische Kommunikation beinhalten, also beispielsweise die Bedienung von Funkgeräten.

90 Quelle: http://stadtverwaltung.freiburg.de/servlet/PB/menu/1142174_pcontent_l1/navig

4.3 Kompetenzentwicklung für DJF-Führungskräfte

Die Skizze der fachlichen Qualifizierungen hat deutlich gezeigt, dass jede Feuerwehrfrau und jeder Feuerwehrmann sich fachlich und feuerwehrtechnisch kontinuierlich und umfänglich weiterbilden muss. Die sich anschließende Frage lautet: Gibt es weitere Kompetenzen, die sinnvoller Weise entwickelt, entfaltet und erweitert werden sollen? Es wäre zu kurz gegriffen, würde man unter Personalentwicklung nur das Fittmachen für Tätigkeiten in der Feuerwehr verstehen. Vielmehr muss angesichts der Gemeinwohlorientierung versucht werden, solche Kompetenzen zu entwickeln, bei denen Fachqualifikationen mit gesellschaftlicher Einsicht und Handlungskompetenz verbunden sind.[91]

Dazu müssen Austauschprozesse zwischen den im Berufs- und Privatleben sowie den bei der Tätigkeit in der Jugendfeuerwehr erworbenen Kompetenzen initiiert werden. Die freiwillig Engagierten bringen ihre Erfahrungen und Kenntnisse aus ihrem beruflichen Umfeld ein und können umgekehrt auch Kompetenzen aus ihrem ehrenamtlichen Engagement dort einsetzen. Um derartige Austauschprozesse in Gang zu bringen, eignen sich sogenannte reflexive Lernensembles. Voraussetzung ist, dass die Lernenden an der Planung, Durchführung und Auswertung der Gore-Seminare beteiligt werden. Im Mittelpunkt steht die Frage, welche Bedeutung eine Thematik für die Führungskräfte der DJF hat. Weitere Bedingungen sind, dass die Teilnahme freiwillig ist und im Rahmen der Seminare zeitsouverän erfolgt. Das heißt, dass jeder sich zu dem Seminar anmelden kann, zu dem er Lust hat. Die Zertifikate dienen nicht als Kontrolle, es gibt daher keine Abschlussprüfung, sondern als Beleg für die Lernfortschritte.[92]

Die Inhalte der Gore-Seminarreihe wurden nach diesen Prinzipien entwickelt. Richtziele aller Seminare sind: das Wissen zu erneuern und zu erweitern, die individuellen Fähigkeiten zu entwickeln und das individuelle Verhalten zu verbessern. Die Auswahl der Seminarthemen erfolgte danach, welche Soft Skills von den Führungskräften der Jugendfeuerwehr als besonders wichtig erachtet wurden.

---

91 vgl. bspw. *Achtenhagen* (1990), VII; *Faulstich* (1991), S. 11
92 *Faulstich* (2004), S. 265

4.3.1 Themen der Gore-Seminare

Die Seminarinhalte der Gore-Seminare wurden anhand von Analysen der Bedürfnisstrukturen der DJF-Führungskräfte entwickelt. Hierbei wurde versucht, die spezifischen Bedingungen abzubilden, unter denen ehrenamtliche Mitglieder bei der DJF agieren. Entsprechend vermitteln die Seminare zusätzliche „Soft Skills" zu den fachspezifischen und feuerwehrtechnischen Fachseminaren. Die Gore-Seminare ergänzen damit die fachlichen Qualifizierungen der Feuerwehren.

Basis der Konzeption waren zwei Analysen: die Erfahrungen der ersten Seminarreihe und das bestehende Bildungsprogramm der DJF jenseits der Fachqualifizierung. Die inhaltlich abgestimmte Erweiterung des Seminarangebotes erfolgte gemeinsam mit der DJF, was zu folgenden Seminarmodulen geführt hat:

- Kommunikation/Rhetorik
- Teamentwicklung
- Konferenztechnik/Präsentation

Weitere Themen, die ebenfalls nachgefragt wurden, waren „Rede/Vortrag", „Moderation" und „Zeitmanagement". Diese Themen konnten aufgrund des vorgegebenen Zeit- und Kostenbudgets nicht realisiert werden.

Die Erfahrungen der ersten Gore-Seminarreihe zeigten, dass die Besonderheiten der DJF noch stärker in die Konzeption einbezogen werden mussten. Bereits das Thema der ersten Gore-Seminarreihe „Teamfähig sein – Konflikte knacken" wurde als wichtige Kompetenz angesehen. Auf einer Skala von 1 = unwichtig bis 5 = sehr wichtig wurde die Thematik mit einem Wert von 4,0 als wichtig für die Arbeit in der Jugendfeuerwehr eingestuft.[93]

Die spezifischen Effekte dieser ersten Seminarreihe für die Deutsche Jugendfeuerwehr waren, dass hiermit die Kompetenzen für das Ehrenamt gefördert wurden (3,6), ein schon lange bestehendes Defizit gefüllt wurde (3,6) und die Kommunikation zwischen der Jugend- und Erwachsenenorganisation verbessert wurde (3,6). Dagegen wurde die zusätzliche zeitliche Belastung durch die Seminare als kaum bedeutend eingeschätzt (2,6). Zudem ergab die Befragung der Teilnehmer an der ersten Seminarreihe, dass 82% Interesse an weiteren Weiterbildungen zu Führungsthemen hatten. Nachgefragt wurden vor allem Seminare zu den Themen Kommu-

93 *Lell* (1999), Frage 9

nikation, Teamentwicklung und Konferenz- beziehungsweise Führungstechniken.[94]

Um die Themen für die zweite Gore-Seminarreihe zu bestimmen, wurden die Ergebnisse der ersten Seminarreihe ausgewertet und das bestehende Seminarangebot in der Jugendfeuerwehr im Jahr 2003 analysiert. Die föderale Struktur der DJF führt dazu, dass die Feuerwehren in den einzelnen Bundesländern bereits verschiedene Seminarangebote entwickelt haben. Diese Angebote unterscheiden sich in hohem Maße nach Umfang und Inhalten. Entsprechend heterogen sind die Bezeichnungen, Inhalte und Ausgestaltungen der Seminare.

Von den insgesamt 55 unterschiedlichen Seminartypen, die je nach Typ in bis zu sieben Bundesländern angeboten wurden, entfallen 14 auf Führungsqualifikationen im weiteren Sinne. Es sind dies die Seminare „Bessere Kommunikation" (5)[95], „Führungsseminar" (4), „Methodik, Didaktik, Rhetorik" (3), „Seminar für Referenten" (1), „Konfliktmanagement" (1), „Lernen und Lehren" (1), „Jugendgruppenleiter" (1), „Projektmanagement" (1), „Führung und Integration" (1), „Pädagogik in der Jugendarbeit" (1), „TTT – Train the Team" (1), „Streitschlichtung/Mediation" (1), „Neurolinguistisches Programmieren" (1) und „Moderation" (1). Hinzu kommen erweiterte Fachthemen wie „Rechtsgrundlagen" (5) und „Öffentlichkeitsarbeit" (5).

Auffällig hierbei ist, dass die meisten der Seminare zu Soft Skills nur einmal angeboten wurden. Dies ist ein Unterschied zu den Fachthemen. Die Benennung und Ausgestaltung sind eher willkürlich und dem „landesspezifischen Zufall" überlassen. Eine Struktur, gegebenenfalls mit aufeinander aufbauenden Modulen, ist nicht zu erkennen. Insofern wird mit den Gore-Seminaren auch ein Beitrag zur Strukturierung des Qualifizierungsangebots geleistet, wenn die Bildungsreferenten entsprechend einbezogen werden.

Nach diesen Vorbereitungen hat die zweite Gore-Seminarreihe exakt die Bedürfnisse der DJF-Führungskräfte getroffen. Die Lernursachen wurden richtig analysiert und Lernziele sowie Lerninhalte entsprachen weitgehend den Wünschen der Teilnehmer. Der Erwerb von zusätzlichen Kompetenzen in der ehrenamtlichen Tätigkeit wird äußerst positiv gesehen und die Seminare haben den Teilnehmern hohen Nutzen gebracht, wie die Evaluierung zeigt.

94 vgl. *Lell* (1999), Frage 15 des Evaluierungsfragebogens

95 Die Zahl bedeutet die Anzahl der Bundesländer, in denen das Seminar angeboten wurde.

Am Ende jeden Seminars wurde die Frage nach dem Nutzen gestellt: „Abschließend wüssten wir gerne, ob Sie das, was Sie in diesem Seminar trainiert haben, auch in Ihrer Arbeit bei der Jugendfeuerwehr umsetzen können oder wollen. Mit anderen Worten: Welchen Nutzen hat nach Ihrer Meinung das Seminar für Ihre Tätigkeit bei der DJF?" Insgesamt sahen 99,4% der Teilnehmerinnen und Teilnehmer den Nutzen des jeweiligen Seminars als gegeben an. Dabei unterscheidet sich der Gesamtnutzen der einzelnen Seminare kaum voneinander. Relativ am höchsten war er beim Seminartyp „Rhetorik", es folgen dann „Präsentation" und „Teamfähigkeit". Die Nutzenschätzung für die einzelnen Seminartypen sieht wie folgt aus:

Beim Seminar „Kommunikation/Rhetorik" wurde am besten das Argumentieren erlernt: Immerhin 86,4% fanden den Nutzen „hoch" und die restlichen 13,6% der Teilnehmerinnen und Teilnehmer bewerteten ihn als „o. k.". Aber auch die anderen Nutzeneffekte waren hoch: Die Techniken der Kommunikation empfanden 79,3% als „hoch" und 18,0% als „o. k.". Lediglich die Feedback-Übungen wurden nur von 61,8% als „hoch", 34,5% als „o. k." und 1,8% als mit geringem Nutzwert eingeschätzt.

Der Nutzen des Seminars „Teamentwicklung" unterscheidet sich in den einzelnen Kategorien nur marginal. Die Gestaltung der Teamentwicklung selbst wurde von 82,4% als sehr nutzbringend und von 14,7% als nutzbringend eingestuft. Fast genauso hoch wurden die „Kooperation im Team" von 81,4% und die „Elemente der Teamarbeit" von 76,5% als sehr nützlich eingestuft.

Im Seminar „Präsentation/Konferenztechnik" wurde danach gefragt, wie der Nutzen hinsichtlich Verbesserung der Kommunikationsfähigkeit, dem Rückkopplung geben können und Argumentieren war. Generell wurden alle drei „Soft Skills" in der Einschätzung der Teilnehmerinnen und Teilnehmer stark gefördert: Am stärksten wurden danach die kommunikativen Fähigkeiten gefördert (86,7% bewerteten die Effekte mit „hoch"), es folgten Feedback (70,2% „hoch") und Argumentieren können (70,6% „hoch"). Nur ein Teilnehmer gab an, dieses bereits gekannt zu haben.

Die Seminare zum Erwerb von Soft Skills wurden also von fast allen Teilnehmern positiv angenommen und ihr Nutzen als sehr hoch eingeschätzt. Dieses zeigt, dass gerade bei ehrenamtlichen Tätigkeiten entsprechende Angebote gemacht werden sollten, da hiermit unverzichtbare Kompetenzen aufgebaut werden.

4.3.2 Anerkennung und Erfahrungsaustausch

Betrachten wir im Folgenden die Gründe für diese insgesamt äußerst positive Bewertung des Seminarnutzens durch die Teilnehmer genauer. Wie in den einschlägigen Studien nachgewiesen, ist eines der Motive für ehrenamtliches Engagement der Wunsch nach Anerkennung der eigenen Leistung und Person. Anerkennung und Akzeptanz wünschen sich 73% der ehrenamtlich Tätigen. Die Anerkennung stellt den immateriellen Lohn in einer ansonsten nicht vergüteten Tätigkeit dar.[96]

Die Gründe für die Suche nach Anerkennung sind vielschichtig: oft fehlt sie im Privatleben oder ihre Form wird nicht akzeptiert oder es wird hiermit ein Ersatz für im Berufsleben vorenthaltene Anerkennung gesucht. Das Prinzip einer positiven Wertschätzung geht auf die Ideen von *Rogers* (1959) zurück, nach denen Menschen Sehnsucht nach Achtung, Respektierung und Wertschätzung haben. Sie wollen insbesondere von Menschen, die sie selber schätzen, wertgeschätzt werden. Erfolgt dieses nicht, wenden Menschen Methoden der Selbstverteidigung an: um den eigenen Selbstwert zu schützen, wird beispielsweise das Gegenüber abgewertet. Alle Betroffenen werden dadurch demotiviert.[97] Es ist daher für Führungskräfte der Jugendfeuerwehren unverzichtbar, als Menschen und in ihrem freiwilligen Engagement anerkannt zu werden, da sie sonst nicht den Nachwuchs der Feuerwehren begeistern können.

Der Nachweis ehrenamtlicher Tätigkeiten hat einen weiteren, darüber hinausgehenden Aspekt: er kann wichtiger Baustein der beruflichen Karriere sein. Soft Skills als Teil der Sozialkompetenz werden in vielen Unternehmen stark nachgefragt. Als Nachweis solcher Kompetenzen wird vielfach ehrenamtliches Engagement von den Personalabteilungen anerkannt.[98] Entsprechend wurden die Gore-Seminare als Nachweis eines geregelten Kompetenzerwerbs auch zertifiziert. Mit der Unterschrift des Bundesjugendleiters der DJF unter das Teilnahmezertifikat des jeweiligen Seminars wurde die formelle Anerkennung der Organisation ausgesprochen. Die Teilnehmer können diesen Nachweis sowohl für ihre Tätigkeit bei der Jugendfeuerwehr als auch bei beruflichen Karrieren nutzen.

Die Anerkennung der Qualifizierung ist eng verknüpft mit der Frage nach dem Sinn der eigenen Tätigkeit. Die reflexive Auseinandersetzung

96 *Bender* (2004), S. 15

97 *Frey/Peus/Jonas* (2004), S. 34 f.; die Quelle, auf die sich diese Aussagen beziehen ist *Rogers* (1959), pp. 184-256, (in deutsch 1987)

98 vgl. *Bund der Deutschen Katholischen Jugend* (BDKJ) (1999); zit. nach *Bender* (2004), S. 15

mit dem ehrenamtlichen Engagement durch einen Erfahrungsaustausch ist für freiwillig Engagierte höchst bedeutsam. Um den Erfahrungsaustausch über die regionalen Grenzen hinweg zu ermöglichen, wurden die Seminare immer an einem zentralen Ort, in Bonn, durchgeführt. Bonn war der damalige Sitz der Bundesgeschäftsführung der DJF. Dem Nachteil der weiteren Anreise stand der Vorteil gegenüber, mit anderen Führungskräften der Jugendfeuerwehr unmittelbar in Kontakt zu kommen.

Die mit der zweiten Seminarreihe getroffene Entscheidung für nur einen Seminarort wurde von den Teilnehmern ambivalent aufgenommen. Diese Gestaltung wurde akzeptabel, aber nicht als optimal angesehen: 37,1% hielten einen Seminarort für optimal und 44,3% für akzeptabel. Allerdings sahen ihn 18,6% als hinderlich an. Hierbei zeigen die Anmerkungen die persönliche Sicht der Dinge: Teilnehmer aus der Umgebung bewerteten Bonn positiv, je weiter der Wohnort entfernt war, desto schlechter wurde die Bewertung.

Andererseits ist hierdurch der Erfahrungsaustausch zwischen Teilnehmergruppen aus unterschiedlichen Regionen erst möglich geworden. Bei Teilnehmern, die an mehreren Seminaren teilgenommen haben, stieg die Akzeptanz. Insgesamt ist die Lösung mit einem Seminarort wechselnden Seminarorten vorzuziehen, damit ein breiter Erfahrungsaustausch möglich wird.

Die Gore-Seminare dienten damit nicht nur dem Erwerb der jeweiligen Soft Skills, sondern auch dem informellen Erfahrungsaustausch. Informationen über Termine in anderen Landesverbänden, persönliches Kennenlernen anstelle von Kommunikation über Medien wie Telefon oder E-Mail sowie die Vergewisserung über die eigene Arbeit sind nur einige der Aspekte. Gerade freiwillig Engagierte haben das Bedürfnis, sich mit anderen Freiwilligen ungezwungen über ihr Engagement auszutauschen.

Daher ist auch ein geselliges Beisammensein gerade für ehrenamtliche Tätigkeiten trotz der stärkeren Gemeinwohlorientierung wichtig. Aus den Kommentaren der Teilnehmerinnen und Teilnehmer wurde deutlich, dass die „Kaminabende“ mit Mitgliedern der Bundesjugendleitung sehr begrüßt wurden. Hier konnte man Erfahrungen aus erster Hand erhalten oder auch einmal „Dampf ablassen“. Der unmittelbare Austausch mit regionalen Multiplikatoren gab wiederum der Bundesjugendleitung die Möglichkeit, die eigene Politik besser zu erklären und verständlich zu machen sowie ein offenes Feedback zu erhalten.

4.3.3 Informelle Lernfelder

Neben diesem klassischen Nutzen eines Seminars kommt vor dem Hintergrund der derzeitigen bildungspolitischen Diskussion ein weiterer Aspekt hinzu: der Beitrag ehrenamtlichen Kompetenzerwerbs zum lebenslangen Lernen. In Abgrenzung zum formalen, staatlich reglementierten Lernen handelt es sich hierbei um informelles Lernen. Dieses hat in den vergangenen Jahren große Aufmerksamkeit für das lebenslange Lernen erhalten. Kompetenzen werden nicht allein in dafür geschaffenen Bildungsinstitutionen erworben, sondern auch am Arbeitsplatz, in der Freizeit und – bisher weitgehend unbeachtet – in freiwilligen Tätigkeiten.

Für das Verständnis dieser Überlegungen muss man sich vor Augen führen, wo Menschen lernen. Zunächst fällt einem da das formale, auch als intentionales Lernen bezeichnete Lernen in Bildungsinstitutionen wie Schulen, Hochschulen oder Weiterbildungseinrichtungen ein. Hier erfolgt das Lernen auf der Grundlage vorgegebener Lehrpläne und Curricula. Am Ende stehen zumeist Abschlussprüfungen, die zu anerkannten Abschlüssen führen.

Ergänzt wurde das formale Lernen immer schon durch informelles Lernen. Es ist müßig darüber zu spekulieren, wie viel Prozent des Erwachsenenlernens informell ist – je nach empirischem Befund wird von 69% bis 87% ausgegangen. Unbestritten ist, dass in Zusammenhang mit aktuellen Anforderungen, Aufgaben und Problemstellungen jederzeit und unabhängig von Lernorten gelernt wird. Meist ist informelles Lernen daher sporadisch, anlass- und erfahrungsbezogen. Zudem sind die Lernergebnisse dem Einzelnen oft nicht bewusst und nur bedingt verbalisier- und beschreibbar.[99]

Informelles Lernen kann also auf zwei Arten erfolgen:

- als unbewusstes, beiläufiges, quasi „en passant“ Lernen
- als intentionales, bewusstes Lernen.

Das unbewusste Lernen ist nicht intendiert und findet innerhalb und außerhalb von Bildungseinrichtungen statt. Es erfolgt ungeregelt im jeweiligen Lebenszusammenhang. Dagegen wird unter intentionalem ein intendiertes Lernen außerhalb von institutionalisierten Bildungsmaßnahmen verstanden. Dieses kann auch im sozialen Umfeld erfolgen, also außerhalb des beruflichen Umfeldes, wie es bei den Gore-Seminaren der Deutschen Jugendfeuerwehr der Fall ist.[100]

---

99 vgl. CEDEFOP (Hrsg.) (2003); *Frank* (2005), S. 9; *Kellner* (2004), S. 27
100 *Wittwer* (2005), S. 62

Die Tätigkeit bei der Jugendfeuerwehr ist also ein wichtiges informelles Lernfeld. Hier wird nicht semiprofessionelles Feuerwehrfachwissen erlernt, sondern es werden auch soziale sowie organisatorische Kompetenzen erworben. Dieses bestätigt auch der „Freiwilligen-Survey“: Bei 44% aller freiwilligen Tätigkeiten werden Fähigkeiten erworben, die in sehr hohem oder hohem Maße persönlich wichtig sind. Dieses ist bei jungen Menschen zwischen 14 und 30 Jahren mit 55% am höchsten.[101] Da bei der Jugendfeuerwehr viele Führungskräfte junge Erwachsene sind, dürfte im informellen Lernen ein wichtiges Motiv für die Teilnahme liegen.

In wie hohem Maße die Gore-Seminare zum individuellen Kompetenzerwerb beigetragen haben, zeigen die Einschätzungen der Teilnehmerinnen und Teilnehmer: Durchschnittlich 83,6% der Teilnehmerinnen und Teilnehmer bezeichneten den Nutzen des jeweiligen Seminars für ihre Tätigkeit in der Jugendfeuerwehr als hoch und weitere 15,8% haben viel aus dem jeweiligen Seminar mitgenommen.

4.3.4 Berufsnähe der Tätigkeiten

Zwischen dem freiwilligen Engagement und dem Beruf können vielfache Zusammenhänge bestehen, die transparent gemacht werden müssen. Diese Zusammenhänge beziehen sich zum einen auf die angewandten und erworbenen Kompetenzen und zum anderen auf die berufliche Karriere.

Bei der beruflichen Karriere gibt es zwei Berührungspunkte. Wenn auch in Deutschland im Vergleich zu den USA nicht so stark ausgeprägt, gehört zu vielen Spitzenfunktionen in der Wirtschaft auch soziales Engagement. Häufig wird erwartet, dass sich Manager neben ihrer beruflichen Tätigkeit auch in karitativen und sozialen Organisationen engagieren.

Der zweite Berührungspunkt betrifft die wachsende Bedeutung des dritten Sektors als regulären Arbeitsmarkt. Durch erhöhte Anforderungen und gesetzliche Regelungen besteht die Möglichkeit, ehrenamtliche Tätigkeiten zu professionalisieren und zum Beruf zu machen. In den letzten Jahren gibt es zunehmend professionelle Zugänge in diesen Sektor, vielfach sind in diesem Bereich Seiten- und Quereinsteiger beschäftigt. Im Vergleich mit einigen klassischen Beschäftigungsfeldern wie Industrie, Handel, Banken und industriebezogenen Dienstleistungen liegen die Einkommen deutlich unter den dort realisierten und auch die Arbeitszeiten sind meist wesentlich unattraktiver.

101 vgl. BMFJFS (2005), S. 34

Insofern gibt es zwar Berührungspunkte und Übergänge, die vor allem aufgrund der weitgehend noch nicht reglementierten Zugangswege attraktiv sind. Berufsmöglichkeiten ergeben sich insbesondere beim Vorliegen von „Stallgeruch", also wenn die Menschen in diesem Bereich sich bereits auskennen und bekannt sind. Belegt wird diese Annahme durch den „Freiwilligen-Survey": Bei den freiwillig engagierten Arbeitslosen ist die Berufsnähe von 13% im Jahr 1999 auf 18% im Jahr 2004 deutlich gestiegen. Dieses zeigt die zunehmende Verbindung von freiwilligem Engagement und der Suche nach einer neuen bezahlten Tätigkeit auf.[102]

Auch der zweite Aspekt der Berufsnähe, der Kompetenztransfer, lässt sich in der Studie des BMFSJF nachweisen. Hiernach haben 23% der freiwilligen Tätigkeit bei Erwerbstätigen etwas mit der derzeit ausgeübten Tätigkeit zu tun beziehungsweise bei nicht mehr Erwerbstätigen mit der früheren Berufstätigkeit. Ältere Menschen, die nicht mehr im Berufsleben stehen, können hiermit ihre beruflichen Erfahrungen weiterhin einbringen.

Diese Daten zeigen, dass ein Austausch zwischen den in der Berufswelt und im freiwilligen Engagement erworbenen Soft Skills stattfindet. Umso erstaunlicher ist es, dass, von wenigen Ausnahmen abgesehen, kein Teilnehmer an den Gore-Seminaren erklärte, einzelne dieser Techniken bereits gekannt zu haben. Dies kann nur teilweise dadurch erklärt werden, dass sich nur solche Personen angemeldet haben, die diese Skills bisher nicht kannten.

Für einen nicht unerheblichen Teil der Teilnehmer dürften die Gore-Seminare damit auch berufsrelevante Kompetenzen vermittelt haben, die sie so noch nicht in der Arbeitswelt erlernt hatten. Hier stützt also das freiwillige Engagement die beruflichen Karrieremöglichkeiten. Die Soft Skills wie rhetorische Fähigkeiten, Teamentwicklung und Präsentationstechniken sind also nicht nur für das freiwillige Engagement in der Jugendfeuerwehr von hohem Nutzen.

4.4 Gestaltungselemente der Gore-Seminare

Für Berufstätige können Seminare auch während der Arbeitszeit angesetzt werden, wenn diese betrieblich bedingt sind. Dies sieht bei Seminaren für ehrenamtlich Engagierte anders aus, da sie sich freiwillig in ihrer

102 vgl. BMFSJF (2005), S. 34 f.

Freizeit engagieren. Auch die Angebote, die eigenen Soft Skills zu verbessern, sind freiwillig und müssen daher entsprechend attraktiv geplant und gestaltet werden. Zwangsmechanismen oder Sanktionen sind weder sinnvoll noch möglich.

Hieraus ergeben sich Anforderungen an die organisatorische und didaktische Gestaltung der Seminare. Didaktisch müssen insbesondere die unterschiedlichen Eingangsvoraussetzungen und Erfahrungshintergründe, die die Teilnehmerinnen und Teilnehmer aufweisen, berücksichtigt werden. Organisatorisch bestehen vor allem Beschränkungen hinsichtlich der zeitlichen Verfügbarkeit der Teilnehmer.

4.4.1 Organisatorische Gestaltung

Die 30 Gore-Seminare mit jeweils 10 bis 12 Teilnehmern innerhalb von drei Jahren wurden nach einem einheitlichen Schema geplant. Sie begannen immer freitags um 16:00 Uhr und dauerten ohne Unterbrechung bis etwa 19:00 Uhr mit anschließendem Abendessen. Entsprechend dem Konzept des informellen Lernens fanden teilweise sogenannte „Kamingespräche" mit Repräsentanten der Jugendfeuerwehr in der Zeit von 21:00 bis 23:00 Uhr statt. Die Gore-Seminare endeten am Samstagnachmittag.

Die drei unterschiedlichen Seminarformen wurden mit einem Rhythmus Seminar 1 – Seminar 2 – Seminar 3 angeboten. In ihrer organisatorischen Struktur bauten die Gore-Seminare der zweiten Staffel auf dem ersten Typ „Teamfähig sein – Konflikte knacken" auf.

Neben Zeit und Rhythmus der Seminare sowie dem Seminarort[103] ist das Tagungshaus eine weitere Variable, die mit über den Erfolg eines Seminars entscheidet. Die Wahl des Tagungshauses ist als gelungen zu bezeichnen. Das Gustav-Stresemann-Institut in Bonn (GSI) wurde durchweg positiv bewertet: 34,8% der Teilnehmer stuften die Einrichtung als „hervorragend" und 50,5% als „gut" ein, 13,2 % bezeichneten sie als „insgesamt gut" und nur 1,5% gaben negative Bewertungen ab. Dieses gilt gleichermaßen für die Teilnehmer an allen drei Seminartypen; signifikante Unterschiede zwischen ihnen gibt es nicht.[104]

---

103 vgl. hierzu Kap. 4.3.2

104 Die Unterschiede zwischen den einzelnen Seminartypen wurden immer anhand eines Chi-Quadrat-Tests (χ^2) auf ihre statistische Signifikanz geprüft. Auf einen Ausweis der einzelnen Signifikanzwerte wird verzichtet, weil diese dem Leser kaum weiteren Erkenntnisgewinn bringen.

4.4.2 Didaktische Gestaltung

Es gibt wenig Informationen oder Untersuchungen zu der Frage, wie Seminare im ehrenamtlichen Bereich optimal didaktisch gestaltet sein sollten. Evaluationskonzepte orientieren sich in der Regel an beruflicher Weiterbildung, Veröffentlichungen hierzu sind eher die Wiedergabe von Individualempirie als empirisch verifizierte Ergebnisse.[105]

Im Unterschied zur Berufsausbildung gibt es für die Vermittlung von Soft Skills in den NPO auch keine rechtlichen Bestimmungen oder vergleichbare Vorgaben, an denen sich die Gestaltung der Bildungsmaßnahmen orientieren könnte. Dies gibt einerseits einen freien Gestaltungsraum, macht aber andererseits die Gestaltung selbst und die Evaluierung schwierig.

Die didaktische Gestaltung mit der entsprechenden Evaluierung umfasste im vorliegenden Konzept daher vier Merkmale: (1) Die Stoffmenge, (2) die Inhalte der Seminare, (3) die eingesetzte Unterrichtsmethodik und (4) das Verhalten beziehungsweise die Kompetenz der Trainerinnen und Trainer. Da sich die Inhalte naturgegeben zwischen den einzelnen Seminartypen unterscheiden, können nur die übergreifenden Einschätzungen insgesamt evaluiert werden; die anderen Fragen werden nach Seminartypen analysiert.

Angesichts der heterogenen Teilnehmerstruktur, über deren Kenntnisstand und Lernvermögen keine Angaben vorlagen, bestand ein erstes Problem in der Festlegung der Stoffmenge. Zu wenig Seminarstoff kann zu einer Unterforderung und zu viel Unterrichtsinhalt zu einer Überforderung führen. Hier galt es einen Kompromiss zwischen einer vernünftigen didaktischen Reduktion der umfänglichen Inhalte und der zur Verfügung stehenden Zeit zu finden.

Die Ergebnisse der Evaluierung zeigen, dass dieses weitgehend gelungen ist. Drei Viertel (76,3%) der Teilnehmerinnen und Teilnehmer sehen die Stoffmenge als „genau richtig“ an. Es besteht eine leichte Tendenz in Richtung auf „etwas zu viel Stoff“ (12,3%). Dieses entspricht auch Anmerkungen, es wäre zu wenig Zeit für die Seminare vorhanden. Andererseits bewertet die fast gleiche Anzahl den Seminarstoff „etwas zu viel“ (10,5%) oder „etwas zu wenig“ (0,9%). Statistisch ist hiermit eine Punktlandung gelungen: wie auch immer die Stoffmenge verändert würde, dies könnte das Ergebnis nur verschlechtern.

---

105 *Lange* (2004), S. 260 ff. – es werden lediglich einige spezifische Kennzeichen und Forderungen stellvertretend genannt.

Ein Grund für diese positive Bewertung ist der „Open Space“, der offene Raum, in dem die Seminare stattfanden. Zur Aktivierung der Teilnehmer sollte eine von Offenheit und „Spaß am Lernen“ geprägte Seminaratmosphäre herrschen. Die Trainer hatten daher das Recht, den Ablauf und die Inhalte im Detail jeweils mit den individuellen Bedürfnissen der Seminarteilnehmer abzustimmen.

Inhalte und Art der praktischen Übungen wurden damit so ausgerichtet, dass eine Über- beziehungsweise Unterforderung der Seminarteilnehmer mit hoher Wahrscheinlichkeit ausgeschlossen werden konnte. Zudem wurden, um eine möglichst hohe Praxisrelevanz zu erhalten und den Transfer sicherzustellen, die Beispiele und Übungen nach Rücksprache mit den zuständigen Bildungsreferenten der DJF auf konkrete Situationen aus dem beruflichen Alltag der Jugendfeuerwehr genommen.

Die Seminare waren didaktisch so konzipiert, dass sie aus einer Mischung von Übungsanteilen und der Vermittlung von Inhalten bestanden. Hiermit wurde die kommunikative Kompetenz und Lernfähigkeit jedes Einzelnen angesprochen. Dieses sollte auch zum Einbringen eigener Erfahrungen mit den jeweiligen Themen ermuntern.

4.4.3 Unterrichtsmethoden

Die Unterrichtsmethodik musste aktivierend und erwachsenengerecht sein, da das Durchschnittsalter der Teilnehmer der DJF zwischen 18 bis 40 Jahren lag. In den Gore-Seminaren sollte Wissen vermittelt sowie Verhaltensweisen trainiert werden. Daher konnte nicht nur eine Unterrichtsmethode eingesetzt werden, sondern es musste Methodenpluralismus vorgesehen werden. Damit konnten die Seminare auch attraktiver gestaltet werden. Im Unterricht wechselten sich aktivierende mit eher rezeptiven Phasen ab. Die folgenden Unterrichtsmethoden wurden in den Gore-Seminaren eingesetzt:

Der *Vortrag* ist eine der verbreitetsten Formen der Informationsvermittlung. Typische Arten des Vortrags sind die Vorlesung, die Predigt oder der Festvortrag. Die Dauer von Vorträgen ist nicht strikt festgelegt, sie reicht von wenigen Minuten als Kurzvortrag bis zu etwa 90 Minuten bei Vorlesungen. Ein Vortrag ist der klassische Fall einer Einweg-Kommunikation, das heißt ein „Sender“, der Vortragende, vermittelt Informationen an einen „Empfänger“, den Zuhörer.

Vorträge gliedern sich in Einführung zum Thema, Erläuterungen zum Thema und Abschluss. Zu den Vorteilen zählt, dass eine große Menge von

Informationen in relativ kurzer Zeit vermittelt werden kann. Ferner sind bei Vorträgen keine oder kaum Hilfsmittel nötig. Da die Teilnehmer bei einem Vortrag nicht aktiv in den Prozess der Wissensvermittlung einbezogen werden, kommt es bei ihnen allerdings oft bereits nach kurzer Zeit zu Ermüdungserscheinungen, die letztlich zum geistigen „Abschalten" führen. Insbesondere lange Vorträge mit einer Dauer von 30 Minuten und mehr sind wenig effizient. Das angestrebte Ziel, den Teilnehmern möglichst viel Wissen zu vermitteln, wird nicht erreicht.

Die Konsequenz für die Gore-Seminare war daher, Vorträge nur punktuell einzusetzen. Ein Vortrag sollte nicht zu lange dauern, etwa 15 Minuten und durch anschauliche Darstellungen aufgelockert werden, beispielsweise durch Flipchart, Pinwand, Overhead-Folie oder einen kurzen Video-Spot, in dem das Gesagte vertieft wurde.[106]

Die *zweite* Unterrichtsmethode basiert auf den Ideen des Coachings. Einzelübungen und Einzelarbeit sind Bestandteile dieser Methode. Ursprünglich kommt das *Coaching* als Methode aus dem Sport. Heute wird hierunter insbesondere die Beratung von Führungskräften durch externe Personen verstanden.[107] Da Führungserfolge weniger vom Spezialwissen als von Verhaltensweisen abhängen, soll der Coach beim Persönlichkeitsmanagement helfen. Er bespricht persönliche Befindlichkeiten, Haltungen, Attitüden, Emotionen, Eigenheiten sowie Problemlösungsmuster. Im Unterschied zur psychologischen Therapie ist es für das Coaching keine Voraussetzung, dass die Führungskraft überlastet, überfordert oder problembehaftet ist. Andererseits erlaubt es auch hier die Diskretion, Schwächen im Gespräch zuzugeben. Beim Coaching werden in der Regel gemeinsame Ziele vereinbart; dieses wurde bei den Gore-Seminaren auch angewandt, indem die Teilnehmer ihre persönlichen Ziele artikulieren mussten.

Da der Begriff Coaching durch seinen Bezug zu Führungskräften bei vielen Menschen eine hohe Akzeptanz hat und teilweise als Statussymbol genutzt wird – „Ich habe einen Coach. Mein Coach und ich..." – wird der Begriff auch für andere Weiterbildungsformen verwandt. Internes Coaching, Coaching als Führungsstil mit dem Vorgesetzten als Trainer, Gruppen- oder Teamcoaching sind gängige Begriffe, die über das ursprüngliche Coaching hinausgehen.

Drittes Element der Unterrichtsmethodik der Gore-Seminare ist das *soziale Lernen*. Dieses erfolgte in Form von Gruppenübungen und Rollenspielen sowie auf den Abendveranstaltungen. Hiermit sollte vor allem das

106 *Falk* (2000), S. 413 ff.
107 *Loos* (1991)

Gemeinschaftsgefühl in der Jugendfeuerwehr gefördert werden. Menschen nehmen täglich unterschiedliche Rollen ein, denen entsprechende Stereotype zugeordnet sind.

Eine soziale Rolle ist ein Begriff aus der Sozialpsychologie, der zwei Charakteristika aufweist: Erwartungen und normierende Eigenschaften. Durch den antizipatorischen Charakter einer Rolle nimmt der einzelne die Erwartungen vorweg, die hiermit verbunden sind. Jede Person erwartet von sich selbst, in welcher Weise sie sich in einer bestimmten Situation und Interaktion zu verhalten hat.

Die Erwartungen einer bestimmten Rolle haben auch normativen Charakter: Menschen antizipieren die Reaktion anderer Menschen. Man erzählt einen Witz, weil man erwartet, dass der andere darüber lacht. Eine spezifische soziale Rolle bestimmt die Art und Weise der Interaktion und ein Rollenkonzept das Verhalten des einzelnen insgesamt. Da von dem Rollenkonzept die Interaktionsstrategien wie Rhetorik, Körpersprache, Verhandlungsgeschick, Konflikttechniken oder Strategien der Auseinandersetzung abhängen, wurden unterschiedliche soziale Rollen in den Gore-Seminaren eingeübt. Dabei wurde darauf geachtet, dass das Verhalten immer nur in überschaubaren Situationen spielerisch trainiert wurde.

Als *vierte* Methode wurde die Visualisierung und Präsentation in Form von *Metaplanmethoden* eingesetzt. Durch die Kombination verschiedener Medien sollen mehrere Sinneskanäle gleichzeitig angesprochen werden. Diese Methode ist also durch die Gleichzeitigkeit von Unterrichtsgespräch und dokumentierender Visualisierung gekennzeichnet. Es handelt sich um Lernen in Interaktionen, das aus einer Mischung von Partizipations-, Frage-, Antwort-, Bewertungs- und Visualisierungstechniken besteht.[108]

Die Metaplanmethode hat bestimmte Regeln: eine Visualisierung, die es allen Teilnehmern ermöglicht, der Diskussion optisch zu folgen. Hiermit werden Aufnahmebereitschaft und Erinnerungsvermögen unterstützt. Die Lernmedien werden während des Seminars selbst hergestellt. Als Medien werden Karten verschiedener Form und Farbe, verschiedenfarbige Filzschreiber, Pinnwände und Packpapier benutzt. Zudem kamen videogestützte Übungseinheiten zum Einsatz.

Ziele von Metaplan können die Ideenfindung, die Problemlösung oder die Erarbeitung eines Themas in der Gruppe sein. Bei den Gore-Seminaren wurden die Gruppen von einem Moderator betreut, dessen Aufgaben die Verbesserung der Kommunikation, die Steuerung des Prozesses sowie die

108 *Decker* (1985), S. 328

Impulsgebung waren. Es wurde nicht auf ein vorher festgelegtes Ergebnis hingearbeitet, sondern lediglich Teilergebnisse zusammengefasst und gruppeninterne Konflikte ausgeräumt.[109]

4.4.4 Evaluierung der Unterrichtsmethoden

Die eingesetzten Unterrichtsmethoden wurden bei allen Gore-Seminaren evaluiert. Da eine einheitliche Unterrichtsmethodik, wenn auch mit differierenden zeitlichen Anteilen, angewandt wurde, konnte sie für alle Seminartypen gemeinsam analysiert werden. Insgesamt waren die eingesetzten Methoden gut geeignet; der arithmetische Mittelwert liegt zwischen 1,12 bei „Vortrag“ und 1,40 bei „Einzelarbeit“ auf einer Skala von 1 = „gut geeignet“ bis 3 = „weniger geeignet“.

Eine spezifische Eignung einzelner Methoden für einen bestimmten Seminartyp gab es nicht. Signifikante Unterschiede waren nicht festzustellen. Mit anderen Worten: alle Unterrichtsmethoden sind für alle drei Seminare gleichermaßen geeignet.

Zwischen den einzelnen Methoden gibt es eine Rangfolge. Die Unterrichtsmethode, die den meisten Anklang fand, war „Vortrag der Trainerin“: 88,8% bezeichneten sie als gut geeignet und 10,8% als geeignet, lediglich 0,6% hielten diese Methode für weniger geeignet. An zweiter Stelle folgen „Gruppenübungen und Spiele“, die noch 78,1% für gut geeignet und 20,0% für geeignet hielten; lediglich 1,9% akzeptierten diese Methode nicht. Die Methode „Metaplan, Präsentation“ empfanden 67,2% als gut geeignet und 31,5% als geeignet, 1,3% waren nicht dieser Meinung. Ähnlich sieht es bei der Methode „Einzelübungen, Einzelarbeit“ aus: hier waren 67,5% der Meinung, die Methode sei gut geeignet, 25,1% hielten sie für geeignet und 7,5% meinten, Einzelarbeit gehöre nicht in diese Seminare.

Es überrascht, dass die stärker aktivierenden Methoden nicht den höchsten Anklang fanden, obwohl diese allgemein als geeigneter für Erwachsene angesehen werden. Augenscheinlich ist die Erwartungshaltung doch eher so, dass man etwas „geboten“ bekommt als selbst aktiv zu werden. Dieses Ergebnis dürfte aus der Kurzzeitpädagogik zu erklären sein: die zeitliche Lage des Seminars am Wochenende und eine gewisse Unsicherheit, mit weitgehend fremden Teilnehmern und Teilnehmerinnen zusammen agieren zu müssen. Andererseits geht die Anonymität nicht so weit, dass das eigene Auftreten egal wäre, da man sich in dem geschlossenen Mitgliederkreis der Jugendfeuerwehr bewegt.

---

109 *Decker* (1995), S. 360 ff.; *Schnelle* (o. J.)

Um zu prüfen, ob noch andere Ursachen diese Aussagen ausgelöst haben, wurde auf das statistische Verfahren der Faktorenanalyse zurückgegriffen. Der Gedanke hierbei ist, dass es möglicherweise unabhängige Faktoren gibt, die quasi hinter einzelnen Zusammenhängen stehen. Man versucht, aus der Vielzahl von Variablen möglichst wenige Faktoren zu extrahieren und damit hier die Eignung der Unterrichtsmethoden zu erklären.[110]

Die Anwendung der *Faktoranalyse*[111] ergibt hinsichtlich der eingesetzten Unterrichtsmethoden nur einen Faktor, auf dem alle Methoden laden. „Einzelarbeit" (0,709), „Vortrag" (0,664), „Gruppenarbeit" (0,599) und „Präsentation" (0,584) bilden gemeinsam einen einheitlichen Faktor. Es gibt also keine weiteren, verdeckten Strukturen. Dies bedeutet, dass diese vier Methoden einen optimalen und in sich stimmigen Methoden-Mix für die Gore-Seminare bilden.

Wie gut die eingesetzte Unterrichtsmethodik ankommt hängt ganz maßgeblich von der Kompetenz der Trainerinnen ab. Der Aufbau, die fachliche und die didaktische Kompetenz bestimmen den Erfolg der Unterrichtsmethodik. Die Frage ist daher, haben die Teilnehmer eher die Trainer oder wirklich die Unterrichtsmethoden bewertet. Das Ergebnis der Faktoranalyse führt zu einem eindeutigen Ergebnis: es gibt zwei Faktoren, die Methodik und Kompetenz eindeutig voneinander trennen. Faktor 1 (28,9% der Gesamtvarianz) kann „Kompetenz" genannt werden, denn auf ihm laden die drei Kompetenzvariablen wie folgt: „Fachkompetenz" (0,854), „didaktische Kompetenz" (0,843) und „Aufbau" (0,662). Faktor 2, der 24,2% der Gesamtvarianz erklärt, umfasst die „Unterrichtsmethoden". Die relevanten Variablen sind „Einzelarbeit" (0,755), „Präsentation" (0,598), „Gruppenarbeit" (0,552) und „Vortrag Trainerin" (0,545).

Das Ergebnis der Evaluierung der Unterrichtsmethoden ist damit eindeutig: Bei den Gore-Seminaren wurden die richtigen, akzeptierten Methoden eingesetzt. Sie bilden einen in sich geschlossenen Methoden-Mix, aus dem keine Methode entfernt oder hinzugefügt werden sollte. Die Gestaltung dieses Methoden-Mix erweist sich als weitgehend unabhängig von den Kompetenzen der eingesetzten Trainerinnen und Trainer, ist also eine Entscheidungsgröße für sich.

110 Zur Faktorenanalyse, wie sie bereits in den Grundzügen von Spearman 1904 und dann später entscheidend von Thurstone 1931 entwickelt wurde, gibt es zahlreiche Literatur. Als Einstieg eignet sich hier *Clauß/Ebner* (1979), S. 353 ff.

111 Zugrunde liegt eine rotierte Komponentenmatrix nach der Extraktionsmethode: Hauptkomponentenanalyse und der Rotationsmethode: Varimax mit Kaiser-Normalisierung; die jeweiligen Werte sind die Faktorladungen.

4.4.5 Evaluierung der Medien

Unterrichtsmethoden und Unterrichtsmedien hängen eng miteinander zusammen, bestimmte Methoden wie Metaplan bedingen sogar entsprechende Medien. Bei den Gore-Seminaren wurden zu jedem Seminar entsprechende Unterlagen erstellt. Diese wurden zu Seminarbeginn verteilt und sollten sowohl den Unterricht unterstützen als auch zur Nachbereitung für die Teilnehmer dienen.

Die Seminarunterlagen waren nach einem einheitlichen Schema aufgebaut. Kurze Einleitung und Begründung des Seminars, Zeitplan mit Übersicht über Themen, Methoden, „Spiele" etc. mit ungefährem Stundenplan. Zudem wurden die vorgesehenen Lehrmaterialien (Folien) und Lernmaterialien (Handouts) in Kopie beigefügt.

Trotz sorgfältiger Vorbereitung kamen die Seminarunterlagen insgesamt nur „gut" an (2,2). Die Erklärung liegt insbesondere in der offenen Gestaltung der Gore-Seminare: Der Unterricht wurde so gestaltet, dass ihm auch ohne die Materialien gefolgt werden konnte und er der jeweiligen Teilnehmergruppe angepasst war. Außerdem konnte von freiwilligen Teilnehmerinnen und Teilnehmern nicht erwartet werden, dass sie sich ausgiebig auf ein Seminar vorbereiten.

Die Funktion der Seminarunterlagen zur Nachbereitung wird auch daran deutlich, dass 8,9% der Befragten keine Angaben zu den Unterlagen machten, weil sie diese noch nicht entsprechend hatten durchsehen können.

Insgesamt bewerten die Teilnehmer die Unterlagen zu 13,5% als „hervorragend", zu 60,1% als „gut" und zu 22,6% als „insgesamt gut". Nur 2,7% sahen sie als „nicht gut" und 1,0% als „schlecht" an.

Interessant ist, dass trotz ähnlicher Seminarunterlagen die Unterschiede zwischen den drei Seminartypen ein statistisch signifikantes Niveau erreichen. Das am wenigsten einheitliche Bild erscheint beim Seminartyp „Präsentation": hier finden sich die meisten positiven, aber auch die meisten negativen Bewertungen. Bei den Seminartypen „Teamfähigkeit" und „Rhetorik" gibt es nur positive, aber keine einzige negative Bewertung. Daher sollte bei vergleichbaren Seminaren angesichts des mit der Unterlagenerstellung verbundenen Aufwandes genau über deren didaktische Funktion reflektiert werden. Alternativ böte sich an, eine DVD mit Grundlagenmaterialien sowie aktuellen Videoclips aus den Veranstaltungen zu erstellen und den Teilnehmern im Nachgang zur Verfügung zu stellen.

4.4.6 Evaluierung der Trainerkompetenzen

Da es sich bei den Gore-Seminaren um das Einüben von Soft Skills handelt, wird hier wie allgemein üblich von Trainerinnen und Trainern gesprochen. Sie sind die Träger des gesamten Konzepts, die als unmittelbare Kontaktpersonen weitgehend über den Erfolg der Seminare entscheiden. Sie müssen mit der entsprechenden fachlichen und didaktisch-methodischen Kompetenz überzeugen.

Dieses umso mehr, als die Trainingsinhalte und der Lernprozess offen gestaltet werden müssen, damit die Mitgestaltung durch die Teilnehmer möglich ist. Dabei müssen auch die unterschiedlichen Eingangsvoraussetzungen, der Kenntnisstand und die differierenden Erwartungen konzeptionell einbezogen werden. Die Trainer müssen Lehrende, Berater, Moderatoren und Impulsgeber in einer Person sein.[112]

Ob die Trainerinnen und Trainer diese hohen Erwartungen erfüllt haben, wurde anhand von drei Kriterien näher analysiert: (1) Aufbau, (2) Fach- und (3) didaktische Kompetenz. Während der zweiten Phase der Gore-Seminare diente die Evaluierung der Trainerinnen und Trainer auch der Seminarsteuerung.

Aufbau der Seminare

Von wenigen Ausnahmen abgesehen (1,9%) wurde der Aufbau der Seminare als logisch und nachvollziehbar bezeichnet: 82,7% der Teilnehmer waren dieser Meinung. Die übrigen 15,4% der Teilnehmer sahen den Seminaraufbau als „meistens nachvollziehbar“ an. Insofern war es nicht nötig, am Konzept der Seminare während der dreijährigen Laufzeit Änderungen vorzunehmen.

Dies galt auch für die teilweise bemängelte zu kurze Dauer der Seminare. Änderungsempfehlungen gehen dahin, das soziale Lernen und gruppendynamische Prozesse stärker in das Konzept einzubeziehen. Verstärkt gewünscht wurden das gegenseitige Kennenlernen, gemeinsame Problembesprechungen oder die häufigere Kommunikation mit den Leitungspersonen der DJF. Viele Teilnehmer befürworten indirekt einen stärkeren erlebnispädagogischen Charakter der Seminare. Ein zukünftiges Konzept sollte sich zudem stärker an den erwarteten Kompetenzen der Teilnehmer orientieren.

---

112 *Lange* (2004), S. 261

Tab. 4: Bewertung der Seminartypen

		Seminartyp			Gesamt
		Rhetorik	Teamfähigkeit	Präsentation	
Aufbau	logisch, plausibel	87,4%	79,4%	81,1%	82,7%
	nachzuvollziehen	11,7%	15,9%	18,9%	15,4%
	unlogisch	0,9%	4,7%	0,0%	1,9%
Gesamt (Anzahl)		111	107	106	324

Trotz der überwiegend positiven Bewertung ergeben sich zwischen den Seminartypen Unterschiede, die zumindest tendenziell statistisch signifikant sind. Beim Aufbau sind die Unterschiede am geringsten; lediglich bei dem Typ „Teamfähigkeit“ gibt es etwas mehr negative Beurteilungen (s. Tabelle 4).

Fachkompetenz

Zur fachlichen Kompetenz der Trainerinnen und Trainer gab es nicht eine einzige negative Bewertung. 70,2% der Teilnehmer stuften sie als „hervorragend“ ein, weitere 27,7% als „gut“ und lediglich 2,2% waren der Meinung, sie seien nur „insgesamt gut“.

Obwohl alle Trainerinnen und Trainer sehr gut beurteilt werden, gibt es doch auch hier gewisse Unterschiede. So wird die fachliche Kompetenz des Trainers des Seminartyps „Präsentation“ insgesamt stärker als gut denn als hervorragend eingestuft.

Didaktische Kompetenz

Auch die didaktische Kompetenz der Dozenten lässt keine Zweifel aufkommen: 57,8% stuften die Trainerinnen und Trainer als hervorragende Didaktiker ein, weitere 36,6% als gute Didaktiker und 5,6% gaben ihnen ein „insgesamt gut“ – negative Bewertungen fehlen auch hier. Trotzdem wird auch bei der didaktischen Kompetenz ein signifikanter Unterschied deutlich; die Trainer des Seminartyps „Teamfähigkeit“ wurden insgesamt als gut und nicht als hervorragend eingestuft.

Kompetenzbewertung

Diese Evaluierungen dienten vornehmlich der Seminarsteuerung. Die Trainer erhielten immer ein Feedback und bei größeren Abweichungen wurden Maßnahmen ergriffen, um den Bedürfnissen der Teilnehmer entgegen zu kommen. Die Evaluierung diente also vor allem der Kalibrierung der Seminare.

Das überaus positive Ergebnis kann sicherlich auch auf gruppendynamische Effekte zurückgeführt werden, indem man den Trainern „nicht schaden“ wollte. Andererseits wird an anderen Stellen durchaus harsche Kritik geäußert, so dass dieses Argument zumindest in Frage zu stellen ist.

Zudem ist zu berücksichtigen, dass die Aufgabe der Trainer nicht leicht war. Angesichts der heterogenen Teilnehmergruppen mit unterschiedlichen Vorkenntnissen, beruflichen Hintergründen sowie Alters- und Geschlechtsunterschieden war die Seminarleitung komplex. Zudem verfügten die Trainer über keinerlei Sanktionsmechanismen, sondern mussten die Teilnehmer überzeugen. Legt man dieses alles zugrunde, so fällt die Bewertung auch im Vergleich zu anderen Seminarbeurteilungen überaus positiv aus. Kein einziger Seminarabbruch und die positiven Feedbacks im Chat der DJF bestätigen die Befragungsergebnisse deutlich.

Die unterschiedliche Bewertung der Trainerkompetenz bei einzelnen Seminartypen ist auf den ersten Blick erstaunlich. Denn die Trainerinnen und Trainer haben teilweise zwischen den Seminaren gewechselt; jeder konnte für jeden einspringen, damit keine Seminare aufgrund kurzfristiger Verhinderungen abgesagt werden mussten. Dieses ist dann auch nie geschehen.

Die Analysen zeigen auch, dass die unterschiedlichen Bewertungen weniger an den Personen als vielmehr an der Thematik beziehungsweise den Inhalten liegen dürften. Beim Seminar „Teamfähigkeit“ müssen die Teilnehmer ihre Persönlichkeit am meisten einbringen, hier finden sich insgesamt auch die diversifiziertesten Urteile. „Rhetorik“ ist dagegen mehr eine zu erlernende Technik der Soft Skills; dieser Seminartyp erhält fast immer auch die besten Beurteilungen.

4.5 Seminar „Teamfähig sein – Konflikte knacken“

Unter dem griffigen Titel „Teamfähig sein – Konflikte knacken“ wurde die erste Reihe der so genannten „Gore-Seminare“ 1999 gestartet. Hiermit betraten die beiden Partner, die Deutsche Jugendfeuerwehr und das Unternehmen W. L. GORE & Associates GmbH Neuland. Mit dem Seminarangebot „Konfliktmanagement“ sollten die Kreisjugendfeuerwehrwarte ein Handwerkszeug bekommen, mit dem sie ihre Führungsaufgaben besser bewältigen können.

Mit diesem ersten Seminartyp sollten Brücken gebaut werden, mit denen das persönliche Engagement gestärkt werden sollte. Ausgangspunkt waren die Überlegungen, dass Jugendarbeit schwieriger, die Programme anspruchsvoller, die Doppelbelastungen spürbarer und die Anerkennung geringer werden. Konflikte würden mehr und nur mit konfliktbereiten und konfliktfähigen Mitarbeitern könne die Arbeit weiterentwickelt werden.[113]

Auch in dieser ersten Seminarreihe ging es darum, den Führungskräften der DJF Schlüsselqualifikationen und Soft Skills zu vermitteln. Im Besonderen ging es um das Erlernen des fairen Umgangs mit Konfliktsituationen. Konflikte werden als Interessensgegensätze verstanden, die allerdings der Weiterentwicklung der Jugendfeuerwehr dienten. Die Teilnehmer sollen erkennen, dass Konfliktsituationen Risiken und Chancen gleichermaßen beinhalten. Sie sollen mit kontroversen Meinungen umgehen lernen. Es werden hierzu Strategien zur Deeskalation aufkommender Konflikte und erfolgversprechende Methoden zur Konfliktlösung trainiert.[114]

Diese erste Seminarreihe wurde im Rahmen einer Magisterarbeit evaluiert.[115] Es wurden die 480 Kreisjugendfeuerwehrwarte drei Mal befragt: (1) Vor Beginn des Gore Sponsorings im Dezember 1998 sollten die Einstellungen zum Image von Gore ermittelt werden, (2) im März 1999 wurden die Kommunikationswirkungen unmittelbar nach der Projektankün-

113 Aus dem Anschreiben der Deutschen Jugendfeuerwehr an die Teilnehmerinnen und Teilnehmer an diesem Seminartyp vom damaligen Bundesjugendleiter Marcus Schleef und dem Referent für Jugendarbeit, Stefan Knab.

114 Aus der Broschüre der DJF/Gore (Hrsg.): Neue Wege gehen – Partnerschaft baut Brücken, in der das erste Konzept vorgestellt wurde.

115 Die wichtigsten Ergebnisse sind in einer Broschüre wiedergegeben, auf die im Folgenden Bezug genommen wird: DJF/Gore (Hrsg.): Chancen und Grenzen von Sozio-Sponsoring – Imagewirkungen eines Kommunikationsinstruments. Eine Fallstudie. Ergebnisse einer Magisterarbeit. Putzbrunn 2000

digung gemessen und (3) im Juli 1999 konzentrierte sich die Befragung auf die Wirkungen der Sponsoring-Kommunikation. Im Mittelpunkt dieser ersten Analyse standen also weniger die Seminare selbst als vielmehr ihre kommunikativen Wirkungen in der Jugendfeuerwehr.

Hierzu wurde zum einen die generelle Einstellung zum Sozialsponsoring ermittelt. In erster Linie wird hierin eine Möglichkeit gesehen, zusätzliche Finanzmittel einzuwerben (94%) und in zweiter Linie eine Chance, dazuzulernen und sich zu modernisieren (77%). Allerdings befürchteten auch 33% einen Identitätsverlust hierdurch. Mit zunehmender Dauer des Sponsorings wurde den Kreisjugendfeuerwehrwarten immer bewusster, dass die Sponsoren mit dem Social Sponsoring klar definierte Ziele verfolgen.

Die Art des Sponsorings wurde dagegen deutlich positiver gesehen: So bezeichneten 97% der Kreisjugendfeuerwehrwarte ihr Interesse an solchen Fortbildungen als hoch, 95% begrüßten es, dass die DJF sich einen Sponsor gesucht hat und fanden das Engagement von Gore im Bildungsbereich als sehr gut oder gut und 94% befürworteten das Engagement der Bundesjugendleitung der DJF. Dabei war das Gore-Sponsoring weitgehend bekannt, 83% der Zielgruppe wussten davon, was auch ein Erfolg der unmittelbaren Kommunikation zwischen den Seminarteilnehmern war.

Ein Effekt, der sich bei allen Gore-Seminaren feststellen lässt ist, dass mit der Teilnahme die Akzeptanz steigt. Insbesondere der Nutzen der Seminare und die Professionalität der Durchführung wurden deutlich besser bewertet. Die Ursachen sind offensichtlich: 70% hielten das Thema für wichtig, 63% sahen hierin eine Verbesserung der Kommunikation zwischen Jugend- und Erwachsenenfeuerwehren sowie eine Aufwertung des Ehrenamts und 53% meinten, dass hiermit eine Lücke im bestehenden Fortbildungsangebot gefüllt würde.

Zu der positiven Bewertung hat sicherlich auch beigetragen, dass die Seminare insgesamt als ausgesprochen gelungen bewertet wurden. Für die zweite Staffel der Gore-Seminare wurden daher die einzelnen Seminare ausführlich evaluiert, um auch Hinweise für die Gestaltung ehrenamtlicher Fortbildungen zu den Soft Skills zu erhalten.

4.6 Seminar „Kommunikation/Rhetorik"

4.6.1 Seminarbegründung

Das aufgrund der Nachfrage und Analysen konzipierte erste Seminar der zweiten Staffel widmete sich der Thematik „Kommunikation/Rhetorik". Beide Begriffe hängen eng zusammen, wobei insbesondere der Kommunikationsbegriff sehr vielschichtig ist. Hierunter werden sowohl die technischen Kommunikationseinrichtungen und ihre Nutzung als auch das Kommunizieren zwischen Menschen verstanden. Rhetorik ist die Kunst des Sprechens und der Überzeugung. Dieses Seminar baut unmittelbar auf dem Seminar zum Konfliktmanagement auf und ergänzt die kommunikativen Qualifikationen.

Die Bedeutung von Kommunikation und Rhetorik für Feuerwehrleute geht aus den Richtlinien des *Deutschen Feuerwehrverbandes* hervor. Unter Punkt FA 5 Information und Kommunikation wird ausgeführt: „*Der Erfolg eines jeden Feuerwehreinsatzes hängt maßgeblich von der Kommunikation ab. Diese umfasst sowohl Notrufeinrichtungen, betrifft die technische Ausstattung von Feuer- und Rettungswachen sowie Leitstellen und muss auch den Zugriff auf die unterschiedlichsten Informations- und Organisationssysteme sicherstellen. In enger Zusammenarbeit mit den hierfür zuständigen Fachbehörden werden unter Einbeziehung der Ansprüche und Möglichkeiten einer modernen Kommunikationsgesellschaft zukunftsorientierte Rahmenbedingungen mitgestaltet.*"

Obwohl hier der technische Aspekt im Vordergrund steht, ist auch das Kommunizieren angesprochen. Denn neben dem technischen Verständnis ist die Kommunikation zwischen Menschen von entscheidender Bedeutung. Bereits *Aristoteles* hob in seiner „Rhetorik" den Kommunikator hervor und schlug vor, dass die Zuhörer die Redner im Hinblick auf ihre Intelligenz, Charakter und Absichten abschätzen sollten. Führungskräfte der Jugendfeuerwehr werden hier mehr als einmal gefordert: Sei es auf Versammlungen mit jungen Feuerwehrleuten, beim Einsatz oder bei Verhandlungen mit Behörden. Sie müssen Menschen führen, aber auch effizient in Notsituationen kommunizieren können.

Eines der bekanntesten nichttechnischen Kommunikationsmodelle beschreibt ein zweipoliges Geschehen, bei dem ein „Sender" eine „Nachricht" an einen „Empfänger" sendet und anschließend eine „Rückkoppelung" erhält. Kommunikation ist der Austausch von Nachrichten, der durch Sprache (verbal), Sprachfärbung (paraverbal) und Gestik (nonverbal) erfolgen kann, wobei oft alle Möglichkeiten gemeinsam das Bild der Information ausmachen. Der sprachliche Ausdruck, die stimmliche und gestische Ausführung, die persönliche Präsenz und die Interaktion mit anderen sind Mittel, die eigene Überzeugung zu vermitteln. Mitunter wird das Redeziel nahezu besser durch die Art des Vortrags erreicht als durch seinen Inhalt.

Ziel der Kommunikation ist eine soziale Beeinflussung. Personen werden mit Informationen versehen, die darauf angelegt sind, ihre Einstellungen oder Verhaltensweisen zu ändern. In diesem Seminar geht es darum, dass diese Informationen zwischen zwei Personen oder einer Person und wenigen anderen stattfinden. Die Massenkommunikation mittels Medien, die Nachrichten durch Fernsehen, Radio, Internet, Zeitungen oder andere Medien verbreitet, wird hier nicht weiter betrachtet.

Bei der Rhetorik handelt es sich in diesem Verständnis um eine Sonderform der Kommunikation, die sich mit der Frage beschäftigt, wie ein Redegegenstand am überzeugendsten präsentiert werden kann. Rhetorik ist nicht nur Redekunst, sondern auch die Kunst der Darbietung des eigenen Wissens. Es ist Aufgabe der Rhetorik, die Möglichkeiten zu erforschen und die Mittel bereitzustellen, die nötig sind, um eine subjektive Überzeugung von einer Sache auf andere zu übertragen.

4.6.2 Seminarablauf

Im Seminar wurden anhand von konkreten Situationen des Feuerwehralltags unterschiedliche rhetorische Mittel geübt. Wie bereite ich eine Rede für das nächste Treffen vor? Welche Argumente ziehen in meiner Ortsgemeinde? Nach Inputs durch die Trainer wurden in Plenum und in Kleingruppen Rede, Diskussion und Interview durchgespielt. Besonders wichtig ist dabei, dass durch sprachlichen Ausdruck, stimmliche und gestische Ausführung die Zuhörer bestmöglich erreicht werden. Dazu gehörte auch, dass sich die Teilnehmer selbst im Video sehen, da man meist anders wirkt als man glaubt. (s. Tabellen 5 und 6)

Tab. 5: Seminarablauf „Kommunikation/Rhetorik“ 1. Tag

Freitag		
Inhalt	**Ziel**	**Methoden**
Begrüßung, Organisatorisches, Vorstellungsrunde Teilnehmer und Trainer	Warming up, Herstellen einer vertrauensvollen, offenen Arbeitsatmosphäre, Klärung der Seminarinhalte	Trainerinput, Gruppengespräch
Grundzüge der Kommunikation	Herstellung eines einheitlichen Wissensstandes bei den Teilnehmern	Themenzentrierte Interaktion mit Feedback
Erfahrungen und Erwartungen der Teilnehmer; Abgleich Erwartungen mit den Zielen des Seminars	Erwartungsabklärung	Trainerinput, Flip Chart mit Kartenabfrage
Einstieg ins Thema: Wann und wie entsteht Kommunikation?	Sensibilisierung für das Thema, Kennen lernen verschiedener Formen der Kommunikation	Offener Dialog, Folienpräsentation durch Trainer, Flip Chart Sammlung
Kommunikationshürden und Kommunikationsstolpersteine	Ursachen von Missverständnissen erkennen	Folienpräsentation, Übung in Kleingruppen
Sender-Empfänger-Modell, Aktives Zuhören	Verstehen und Erfahren von verbalen Kommunikationszusammenhängen	Impulsvortrag Trainer mit Folienpräsentation, Flip Chart, Übungen
Grundzüge der nonverbalen Kommunikation	Paraverbale Kommunikation, Gestik und Mimik	Impulsvortrag Trainer mit Folienpräsentation
„Spiel der Stummen“	Verstehen und Erfahren von nonverbalen Kommunikationszusammenhängen	Nonverbales Kommunikationsspiel

Tab. 6: Seminarablauf „Kommunikation/Rhetorik“ 2. Tag

Samstag		
Inhalt	**Ziel**	**Methode**
Kommunikations-strategien in der DJF	Interne und externe Kommunikation; Zielgruppen der Kommunikation mit geeigneten Formen ansprechen	Impulsvortrag Trainer mit Folienpräsentation
TZI* nach Ruth Cohn, alternativ Kommunikationsmodell nach Schulz v. Thun	Kennen lernen und Erarbeiten etablierter Kommunikationsmodelle	Trainerinput, Flip Chart Sammlung und Übungen
Kommunikations-sperren	Sensibilisierung für Kommunikationssperren	Offener Dialog, Folienpräsentation, Trainerinput
Fragetechniken	Lösungsmöglichkeiten für Störungen in der Kommunikation erkennen	Offener Dialog, Trainerinput, Flip Chart
Feedback-Regeln	Lösungsmöglichkeiten für das Kritikgespräch kennen lernen und Einstimmung auf Videotraining „Rhetorik“	Trainerinput, Flip Chart
„Statementformel“ und „Diplomatenformel“	Vorbereitung für Übungen am Nachmittag	Trainerinput, Folienpräsentation
Rhetorische Trainings	Sprechübungen	Übungen anhand praktischer Themen der DJF
Videotraining „Rhetorik“	Trainieren und Erkennen eigener rhetorischer Stärken und Schwächen, Anwenden der Feedback-Regeln	Einzelübungen
Abschlussrunde	Feedback des Seminarverlaufs	Offener Dialog und Ausfüllen eines Fragebogens

* Themenzentrierte Interaktion

4.6.3 Bewertung von Inhalten und Unterrichtsmethodik

Die Inhalte wurden alle als „informativ" von den Führungskräften der Jugendfeuerwehr eingestuft (1,24), wobei die Abweichungen gering waren. Generell handelt es sich um ein Soft Skill, das für die Jugendfeuerwehr von äußerst großem Interesse ist. Drei Themen wurden besonders positiv bewertet: „Grundzüge der Kommunikation", „Auswertung und Abschluss eines Seminars" sowie die „Grundregeln der Argumentation und Rhetorik". Jeweils drei Viertel der Teilnehmer hielten die Inhalte „Kommunikationsmodelle und -strategien" sowie „Grundregeln des Feedback" für „informativ". Den Inhalt mit der geringsten Akzeptanz bildete „Kommunikationsblockaden", den noch 68,9% als „informativ" und 30,2% als „ganz o. k." bezeichneten.

Gerade bei Gruppen mit heterogenen Eingangsvoraussetzungen sind eine Auftaktrunde mit der Verbalisierung der Erwartungen sowie ein abschließendes Feedback unverzichtbare Bestandteile. Es wird deutlich, dass mit der Nähe zum Üben, zur praktischen Anwendung und Übertragbarkeit der Inhalte auch die Bedeutung bei den Teilnehmern steigt.

Rhetorik-Seminare sollten als weniger der theoretischen Fundierung als vielmehr dem Einüben der Techniken dienen. Zudem sollten Seminare für Ehrenamtliche nicht nur unter dem Gesichtspunkt der Wissensvermittlung oder dem Antrainieren von Verhaltensweisen konzipiert werden, sondern es sind auch gruppendynamische Phasen einzuplanen.

Hierzu kamen in diesem Seminar alle vier unterschiedlichen Unterrichtsmethoden zum Einsatz. Damit sollte ein erwachsenengerechter Unterricht sichergestellt sein und Ermüdungseffekte mit fehlender Aufmerksamkeit vermieden werden. Die Methoden wurden allerdings signifikant unterschiedlich beurteilt. Mit Abstand am besten wurde der „Vortrag der Trainerin" bewertet, immerhin 92,9% hielten diese Unterrichtsmethode für „geeignet" und 7,1% für „ganz o. k.". Deutlich weniger akzeptiert wurden die „Gruppenübungen, Spiele", die immerhin 79,6% der Teilnehmer als „geeignet" bezeichneten. „Einzelübungen, Einzelarbeit" und „Metaplan, Präsentationen" fielen dagegen in der Bewertung deutlich ab; ganze 69,2% beziehungsweise 65,1% hielten diese Methoden noch für geeignet.

4.6.4 Hinweise zur Seminarstrukturierung

Die abschließende Frage lautet daher, wie sollte ein Rhetorik-Seminar für freiwillige Führungskräfte gestaltet sein, damit die entsprechenden Soft Skills optimal vermittelt werden. Vieles zeigt sich anhand der obigen Daten und überrascht nicht: eher praktisches Training, starke Betonung der gruppendynamischen Bestandteile eines Seminars wie Abfrage der Erwartungen und Bezug zu den bisherigen Erfahrungen sowie ein gemeinsames Feedback mit den Trainern sind unverzichtbare Elemente. Da eher rezeptive Methoden wie „Trainervortrag“ bevorzugt werden, sollte auch immer ein gewisser inhaltlicher Input gegeben werden.

Angesichts der komplexen Aussagen ist zu prüfen, ob es nicht Strukturen gibt, die einen inneren Zusammenhang aufweisen. Die Anwendung der *Faktoranalyse* ergibt fünf voneinander zu unterscheidende Faktoren:

Der *erste* Faktor erklärt einen Anteil an der Gesamtvarianz von 15,9% und besteht aus den Variablen „Auswertung und Abschluss“, „Erfahrungen und Erwartungen“ und der Methode „Einzelübungen, Einzelarbeit“. Dieses unterstreicht noch einmal die Bedeutung der didaktischen Seminarorganisation für das Gelingen des Seminars, wobei jeder Teilnehmer seine Erwartungen und Bewertungen für sich selbst, also zunächst in Einzelarbeit, vornehmen sollte.

Faktor 2 ist die Methode „Metaplan, Präsentation“ (13,6% der Gesamtvarianz).

Faktor 3 erklärt ebenfalls 13,6% der Gesamtvarianz und setzt sich zusammen aus den beiden Inhalten „Kommunikationsmodelle und -strategien“ sowie „Kommunikationsblockaden“. Teilnehmer, die an der theoretischen Fundierung interessiert sind, wollen alles zu dieser Thematik hören und umgekehrt.

Faktor 4 erklärt 12,9% der Gesamtvarianz und setzt sich aus den beiden Grundregeln zusammen: „Grundregeln des Feedback“ und „Grundregeln der Argumentation und Rhetorik“.

Der *letzte extrahierte* Faktor besteht aus den beiden Unterrichtsmethoden „Gruppenübungen, Spiele“ und „Einzelübungen, Einzelarbeit“. Er erklärt 10,6% der Gesamtvarianz.

Was sagt diese Analyse für die Strukturierung des Gore-Seminars „Kommunikation/Rhetorik“ aus? Zunächst einmal erklärt keiner der fünf Faktoren viel Varianz. Dieses ist ein Indiz dafür, dass die Eingangsvoraussetzungen und Erwartungen der Teilnehmerinnen und Teilnehmer äußerst heterogen sind, es also keine homogene Gruppe Führungskräfte der DJF gibt. Dieses macht es schwer, ein Konzept zu realisieren, das spezifisch auf die Teilnehmer zugeschnitten ist. Auch gibt es kaum Zusammenhänge zwischen den Inhalten und Unterrichtsmethoden, so dass die didaktische Kompetenz der Trainer in hohem Maße gefragt ist.

Hieraus ergeben sich folgende Hinweise auf eine optimierte Seminarstruktur:

Unverzichtbar für jedes erfolgreiche Seminar sind die „gruppendynamischen Elemente“; das soziale Lernen und Kennenlernen untereinander dürfte auf einer Metaebene, möglicherweise sogar unbewusst, ein wichtiger Grund für die Seminarteilnahme sein.

Wenn die Teilnehmer aktiv einbezogen werden sollen, dann sollte das Üben sowohl Einzel- als auch Gruppenübungen und Rollenspiele umfassen.

Seminarkonzept und Trainer müssen flexibel sein und auch noch kurzfristig das Seminar ändern können. Dieses entspricht auch den Aussagen der Trainerinnen und Trainer. Vorher sollte abgefragt oder anderweitig eruiert werden, ob die jeweilige Teilnehmergruppe eher an der „Kommunikationstheorie“ oder an den „Grundregeln“ interessiert ist und hierauf der Schwerpunkt gelegt werden.

Insgesamt zeigt sich viel Offenheit bei den Seminaren, was einerseits die Gestaltungsmöglichkeiten erweitert, andererseits auch eine entsprechende fundierte Trainerkompetenz in didaktischer und fachlicher Hinsicht voraussetzt.

4.7 Seminar „Teamentwicklung“

4.7.1 Seminarbegründung

In der Arbeit der Jugendfeuerwehren treffen Menschen in unterschiedlichen Entwicklungsphasen vom Jugendlichen bis zum Erwachsenen und mit unterschiedlichen Mentalitäten zusammen. Sie stammen aus verschiedenen Berufen, sind Auszubildende, Schüler oder Studenten und haben unterschiedliche Anschauungen. Sie alle eint ihr soziales Engagement und ihr Interesse an der freiwilligen Arbeit bei der Feuerwehr. Für diese differierenden Mentalitäten und Eigenarten ist das ehrenamtliche Engagement die Klammer.

Von diesen jungen Menschen wird erwartet, dass sie in einer Gruppe zusammenarbeiten, Aufgaben erledigen und sozial miteinander umgehen. Lange Zeit galt, dass allein die Ehrenamtlichkeit ausreichen würde, um entsprechende Teams zu formieren. Irgendwie würden die Gruppen schon „zusammenpassen“ und zu effektiven Leistungen in der Lage sein. Die Praxis belegte diese Ansicht anscheinend. Denn da das Ausscheiden aus der Gruppe kaum mit wirksamen Sanktionen belegt werden kann, anders als im Beruf, scheiden die unzufriedenen Mitglieder einfach aus. So entstehen dann vermeintlich „homogene Gruppen“, die ein weiteres Handeln nicht notwendig erscheinen lassen. Dieses Phänomen ist in allen Hilfsorganisationen zu beobachten.

Hiermit wird aber offensichtlich viel Potenzial vernachlässigt und letztlich die Entwicklung von Gruppen stark eingeschränkt, da nur noch „passende Mitglieder“ aufgenommen werden. Damit auch heterogene Gruppen als Teams zusammenwirken können, die Mitglieder sich „ihre Struktur schaffen“ und effiziente Formen der Kommunikation und Kooperation entwickeln, müssen entsprechende Entwicklungsprozesse bewusst angestoßen werden. Die Führungskraft der DJF darf sich hierbei nicht als Leiter, sondern muss sich als Mentor eines Prozesses verstehen, der begleitet und behutsam gelenkt wird. Sie muss in der Lage sein, äußere Bedingungen und innere Beziehungen zu analysieren, um schlagkräftige Teams zu bilden.

Denn Feuerwehrarbeit ist Teamarbeit. Die Zusammenarbeit in Gruppen ist ein wesentliches Merkmal dieser Tätigkeit. Führungskräfte müssen sich so um ihre Gruppe kümmern, dass sie als Team handelt. Denn je besser eine Gruppe harmoniert, desto besser ist auch ihre Leistung, desto effizienter arbeitet sie. Aus einer Gruppe wird dann ein Team, wenn sie bestimmte Merkmale aufweist:

- Es gibt eine feste Aufgabenstellung, der sich die Mitglieder unterordnen.
- Die einzelnen Gruppenmitglieder haben unterschiedliche, fixierte und voneinander abgrenzbare Aufgaben.
- Es bestehen relativ intensive wechselseitige Beziehungen, Aufgaben können weitgehend „nur im Team gelöst“ werden.
- Es haben sich spezifische Arbeitsformen, das ‚Teamwork‘, entwickelt.
- Es herrscht ein ausgeprägter Gemeinschaftsgeist, ein ‚Teamspirit‘ vor.

Dieses führt in Freiwilligenorganisationen über die Gruppenkohäsion, den Zusammenhalt innerhalb der Gruppe, meist bis in den persönlichen Bereich, indem Freundschaften entstehen, gemeinsame Interessen entwickelt werden und die Menschen sich in hohem Maße über diese Gruppe definieren.

Das Seminar „Teamentwicklung“ will daher Handlungshilfen für Führungskräfte der Deutschen Jugendfeuerwehr geben. Hierbei standen die

Aspekte im Vordergrund, die pragmatisch bei der Teamentwicklung helfen sollen: (1) der Rollenaspekt, (2) die Gruppentraditionen und (3) die institutionelle Einbindung. Der dritte Punkt ist relativ leicht zu lösen, da in der Regel festgelegt ist, welche Aufgaben eine bestimmte Gruppe im Rahmen der Jugendfeuerwehr zu erledigen hat. Hier muss die entsprechende Führungsperson nur dafür sorgen, dass diese formale Zielsetzung eindeutig formuliert und jedem Teammitglied bekannt ist.

Schwieriger ist das Verdeutlichen der jeweilige Rolle, die ein Teammitglied innehat und die damit verbundenen Rechte und Pflichten. Durch die hierarchische Struktur der DJF ist zunächst die formale Rolle zu klären, aber auch die informelle Rolle festzustellen. Vorgaben aus den institutionellen Bedingungen führen nicht selten dazu, dass Konflikte mit den eigenen Zielvorstellungen des Rolleninhabers, den Erwartungen der anderen Gruppenmitglieder oder denen ihrer Vorgesetzten entstehen. Vorgaben wirken individuell unterschiedlich; daher müssen Führungskräfte dafür sensibilisiert werden, wie sie dieses erkennen und angemessen reagieren können.

Jeder einzelne nimmt in einer Gruppe ein sogenanntes „Rollenset" wahr, das heißt unterschiedliche Rollen, die im Verlauf der Gruppenentwicklung entstanden sind. An dieses Rollenset richten sich die Erwartungen der anderen Gruppenmitglieder. Meist fallen diese Erwartungen erst auf, wenn ein Gruppenmitglied sie nicht mehr erfüllt. Beispielsweise kann der formale Gruppenführer aufgrund informeller Prozesse kaum noch Einfluss haben. Für eine Führungskraft in der DJF gilt es, die Rollenzuweisungen aus der Gruppentradition zu erkennen und die formalen Aufgaben so weit wie möglich hieran anzupassen.

4.7.2 Seminarablauf

Das Gore-Seminar wurde für Führungskräfte der Jugendfeuerwehren konzipiert, die sich um das soziale Miteinander ihrer Gruppen kümmern. Hierzu wurde die Rolle der Führungskraft selbstkritisch reflektiert. Praktische Übungen zeigten, wann welche Teamstrukturen entstehen. Und es wurden Tipps gegeben, wie Gruppen dynamisch werden. Ziel war es, den Führungskräften der DJF die Instrumente an die Hand zu geben, mit denen sie Teams formen und führen können. (s. Tabellen 7 und 8)

Tab. 7: Seminarablauf „Teamentwicklung“ 1. Tag

Freitag		
Inhalt	**Ziel**	**Methode**
Begrüßung, Organisatorisches; Seminarablauf, Vorstellung der Trainer	Warming up, Herstellen einer offenen Arbeitsatmosphäre	Trainerinput, Gruppengespräch
Vorstellung der Teilnehmer unter dem Aspekt „In meinem Team fühle ich mich wie ein...“	Sensibilisierung für die eigene Stellung im Team	Stichwortsammlung auf Karte und Metaplantechnik
Schwerpunkte aus dem Arbeitsergebnis herausstellen	Erste Eindrücke zu den verschiedenen Rollen im Team	Clustern mit Metaplantechnik
Erwartungen der Teilnehmer an das Thema	Abgleich: Erwartungen einerseits und Ziele andererseits	Kartenabfrage mit Analyse an Flipchart
Grundlegende Aspekte „Was ist ein Team?“ und Phasen der Teamentwicklung	Grundlagen des Teamgedankens und der Teamentwicklung verstehen	Trainerinput mit Folienpräsentation
Kommunikation in Gruppen	Modelle der rhetorischen Wirkung	Gruppenarbeit, Rollenspiel, Feedback-Übungen
Vertiefender Einstieg in die eigene Teamsituation anhand von Beispielen aus der Jugendfeuerwehr	Diagnose des Ist-Zustandes unter der Zielsetzung „Wer steht wie zu wem?“	Positionierung der Teammitglieder durch Aufstellen der einzelnen Gruppenmitglieder
Auswertung der Szene	Sichtbarmachen möglicher Störfelder	Offener Dialog; Besprechung eigener Erfahrungen; Moderationswand

Fortsetzung Tab. 7:

Freitag		
Inhalt	**Ziel**	**Methode**
Bearbeitung von Fragebögen zur Einschätzung des eigenen Teams und zur Einschätzung der eigenen Rolle/Stellung im Team	Ist-Zustand Analyse; Bewusstsein für die eigene Rolle im Team entwickeln	Einzelarbeit, Reflexion
Gesprächsführung	Vorbereitung; Grundregeln des Aufbaus	Argumentationsübungen

Tab. 8: Seminarablauf „Teamentwicklung" 2. Tag

Samstag		
Inhalt	**Ziel**	**Methode**
Teamtraining	Individuelle Stärken fördern, Bedürfnisse berücksichtigen	Zusammenarbeit üben unterstützend leiten
Der Gordische Knoten	Verdeutlichen, dass es in einem Team (fast) immer eine Lösung gibt	Aufwärmübung
Die wesentlichen Ebenen von Teamarbeitsprozessen: organisatorisch und technische Ebene sowie persönliche Ebene	Erkennen der Komplexität des Prozesses von der Gruppe zum Team	Trainerinput mit Folienpräsentation
Die Erfolgsfaktoren meines Teams: „Was mein Team schwächt!"	Erarbeiten von Teamverstärkung; Erkennen, dass Gelingen steuerbar ist und nicht willkürlich	Kleingruppenarbeit mit anschließender Präsentation der teamstärkenden und -schwächenden Faktoren

Fortsetzung Tab. 8:

Samstag		
Inhalt	**Ziel**	**Methode**
Aufgreifen der Arbeitsergebnisse	Reflexion des eigenen Rollen- und Führungsverhaltens; Erkennen von Störungen als aufhebbare Hindernisse	Übungen zu den herausgearbeiteten Schwerpunkten
Kommunikation- und Leitungsstile in Teams	Gruppenprozesse verstehen lernen	Trainerinput
Kooperation im Team	Erleben eigener Stärken und Schwächen; Erleben der eigenen Verantwortung für das gemeinsame Gelingen	Übungen: „Verschüttet“; Turmbau; Brückenbau; Flying Eggs
Kommunikation im Team	Bedeutung der Kommunikation und Kooperation für den Erfolg des Teams selbst erfahren	Übungen zum „aktiven Zuhören“; Konfliktfallübungen; Jurtenkreis
„Das Ganze ist mehr als die Summe der Teile“	Verständnis für unterschiedliche Rollen bei den Teilnehmern wecken	Rollenspiel
Abschlussrunde	Abrundung, Nachlese, Ausblick	Plenumgespräch

4.7.3 Bewertung der Inhalte und Unterrichtsmethodik

Teams müssen in der Jugendfeuerwehr so gebildet werden, dass sie sich an den Aufgaben der Deutschen Jugendfeuerwehr orientieren. Hieraus leiten sich die Anforderungen an einzelne Gruppenmitglieder sowie das Team als Ganzes ab. Die Teambildung kann in folgenden Schritten erfolgen:

Analyse der Rahmenbedingungen: Vorab ist zu prüfen, in welche institutionellen und organisatorischen Rahmenbedingungen der staatlichen

Aufgaben und der Feuerwehraufgaben das jeweilige Team bereits eingebunden ist oder werden soll.

Analyse der Gruppenbeziehungen: Meist werden keine neuen Teams gebildet, sondern bestehende Teams sollen weiterentwickelt werden. Insofern sind die Fragen der Rollenverteilung, praktizierte Problemlösungsmuster und Entscheidungsverhalten, Kommunikationsstil sowie das Vorhandensein von Gruppenzielen zu klären.

Potenzialanalyse: Es sollte festgestellt werden, welche Potenziale bereits bei den Gruppenmitgliedern vorhanden sind und welche zukünftig zur Erfüllung der Aufgaben benötigt werden.

Zusammenstellung von Teams: Nach unterschiedlichen Analysen müssen Teams unter Umständen neu zusammengestellt, bestimmte Mitglieder integriert und Ziele vereinbart werden, an denen sich die Teams ausrichten können. Festgelegt werden müssen die Gruppengröße und die Einbindung dieser Gruppe in die örtliche und regionale Feuerwehrorganisation.

Neben den formalen Teamstrukturen bestehen auch immer informelle Strukturen. Freundschaften und Abneigungen, „natürliche Führerschaft“ und Außenseitertum beeinflussen Gruppen meist wesentlich stärker als formale Hierarchien und Zuordnungen. Gerade deshalb ist es wichtig, die Methoden der Teamentwicklung zu beherrschen, um informelle und formale Strukturen mit den Aufgabenstellungen so weit wie möglich in Übereinstimmung zu bringen. Erfolgt diese Auseinandersetzung nicht, so kommt es zu erstarrten Gruppen ohne jegliche Entwicklung („Lokomotion“) oder zu Gruppen ohne inneren Zusammenhalt („Kohäsion“) oder diese Gruppen lösen sich von selbst auf. Gerade im ehrenamtlichen Bereich, in dem sich Zwangsmechanismen weitgehend von selbst verbieten, ist eine Teamentwicklung unverzichtbar.

Das Seminar Teamentwicklung unterscheidet sich von den beiden anderen, eher „handwerklich“ (Skills) angelegten Gore-Seminartypen, durch den starken Bezug zu der Persönlichkeit der Teilnehmer. Dieses führt zu einer teilweise kritischeren Distanz der Teilnehmer. Didaktisch waren zudem die gruppendynamischen Phasen „Erfahrungen, Erwartungen“ und „Abschlussbewertung“ in den Seminarablauf integriert, da dies Inhalte der Teambildung sind. Trotz dieser Skepsis wurden die einzelnen Inhalte von den Teilnehmern alle als interessant und relevant eingestuft. Am interessantesten war das Thema „Teamgedanken und Teamentwicklung“, das 86,3% als informativ, 11,8% als interessant und nur 2,0% als uninteressant einstuften.

Die Bewertung der drei anderen Inhalte war auf gleichem Niveau: „Erfahrungen und Erwartungen“ fanden 78,6% als informativ, bei „Kooperation im Team“ waren es 79,2% und bei „wesentliche Elemente der Teamarbeit“ noch 73,3%. Der Anteil derjenigen, die diese Inhalte für uninteressant hielten, bewegte sich zwischen 2,0% und 3,0%. Auch hier wird deutlich, dass die Inhalte die Erwartungen und Anforderungen der Führungskräfte der DJF in hohem Maße erfüllt haben.

Methodisch lebte dieses Seminar vom Mitmachen, Mitgestalten und lebendigen Lernen. Die Inhalte waren so konzipiert, dass praktische Übungen und theoretische Modelle anhand der eigenen Teamstruktur und Gruppendynamik angewendet werden. Immer im Blick war dabei, dass sowohl der Teamleiter als auch sein Team durch die Art der Kommunikation und Kooperation großen Einfluss auf den Erfolg oder Misserfolg einer Aktion haben. Es wurden Methoden eingesetzt, die sich für aktive Lernprozesse und damit auch für persönliche Veränderungsprozesse eignen. Die Teilnehmer hatten die Möglichkeit, eigene Fragestellungen im Rahmen des Seminars zu bearbeiten und die eigene Rolle im Teamalltag zu reflektieren. Teamtraining versteht sich als Prozess, der von einer hohen Bereitschaft zur Selbstkritik und Selbstreflexion begleitet ist und somit von den Teilnehmern viel Aktivität und „Spaß am Ausprobieren“ verlangt.

In der Bewertung der Unterrichtsmethodik ergaben sich keine signifikanten Unterschiede. Bemerkenswert ist, dass bei dem Seminartyp Teamentwicklung die Methodik „Einzelübungen, Einzelarbeit“ den geringsten Anklang fand, nur 59,8% hielten diese Methode für geeignet, 26,4% hielten sie für „ganz o. k.“ und immerhin 13,8% lehnten sie ab. Dieses mag einerseits daraus zu erklären sein, dass sich Einzel- und Teamarbeit vermeintlich widersprechen. Andererseits müssen die Teilnehmer ihr Führungskönnen vor der Gruppe zeigen und sich damit exponieren. Es ist also die kritischste Methode mit Risiken für die Lerngruppe und die Trainerin.

Die drei anderen Unterrichtsmethoden lagen im üblichen Bereich. Am besten kam auch hier der „Vortrag der Trainerin“ an, den 88,4% als geeignet einstuften. „Gruppenübungen und Spiele“ hielten 77,9% für geeignet und bei „Metaplan, Präsentationen“ waren 68,0% dieser Meinung. Auch hier zeigt sich wieder, dass die Erwartungshaltung der DJF-Führungskräfte eher ist, Wissen vermittelt zu bekommen. Das Trainieren von Verhaltensweisen kommt erst an zweiter Stelle. Dies beweist auch, wie hoch der Nachholbedarf an Wissen über Soft Skills ist, der durch die Gore-Seminare gestillt wird.

4.7.4 Hinweise zur Seminarstrukturierung

Abschließend wurde auch bei diesem Seminar mit statistischen Verfahren versucht, Hinweise für eine zukünftige Strukturierung zu erhalten. Die hierzu angewandte Faktorenanalyse erbringt ein Ergebnis, wie es deutlicher kaum ausfallen kann. Extrahiert werden zwei Faktoren, die 29,9% beziehungsweise 26,6% der Gesamtvarianz erklären und in ihrer Struktur eindeutig sind.

Faktor 1 sind die „Seminarinhalte“: Alle vier inhaltlichen Bereiche laden auf diesem Faktor. Es sind dies „Teamgedanken und Teamentwicklung“, „wesentliche Elemente der Teamarbeit“, „Kooperation im Team“ sowie „Erfahrungen und Erwartungen“. Wie geplant, sind die gruppendynamischen Elemente in die anderen inhaltlichen Elemente bei diesem Seminartyp integriert.

Faktor 2 umfasst alle vier eingesetzten Unterrichtsmethoden in folgender Reihenfolge: „Einzelübungen, Einzelarbeit“, „Metaplan, Präsentationen“, „Vortrag“ und „Gruppenübungen/Spiele“.

Eine wie auch immer angedachte Veränderung der Seminarinhalte und der Unterrichtsmethodik erscheint hiernach nicht sinnvoll. Die kritische Haltung mancher Teilnehmer muss im Gegenteil eher als Bestätigung dafür gesehen werden, wie wichtig es für die Führungskräfte der Jugendfeuerwehr ist, diese Soft Skills zu erwerben.

4.8 Seminar „Präsentation/Konferenztechnik“

4.8.1 Seminarbegründung

Um Führen zu können, bestimmte Inhalte zu vermitteln oder auch neue Themen den Jugendfeuerwehrleuten beibringen zu können, sind nicht nur die Inhalte selbst, sondern auch deren Präsentation wichtig. Längst haben in der Wirtschaft die so genannten Peripherieleistungen eine ebenso hohe Bedeutung wie die Produkte oder Dienstleistungen selbst erlangt.

Dieses Gore-Seminar vermittelt daher ganz zentrale Soft Skills beziehungsweise Techniken für Führungskräfte der DJF: die Präsentation von Konzepten, strategischen Überlegungen oder Arbeitsergebnissen sowie die Vorbereitung und professionelle, effiziente Durchführung von Veranstaltungen, Konferenzen oder informellen Meetings. Beide Themen beschreiben Soft Skills, mit denen Führung ausgeübt wird.

Konferenzen dienen der Information und dem Kommunikationsaustausch mit dem Ziel, einen Konsens zu finden. Gerade im Ehrenamt, wo man sich nicht täglich sieht, ist es wichtig, dass bestimmte Kenntnisse und Abläufe allen bekannt sind. Um neue Inhalte und Themen in Meetings überzeugend zu vermitteln, reicht die bloße Schilderung der Inhalte aber nicht aus. Es kommt vor allem auf die Art der Präsentation an. Es ist offensichtlich, dass erst ein gemeinsamer Wissens- und Informationsstand den Gruppen erlaubt, zielgerichtet zu handeln. Insofern finden sich diese Instrumente in allen Arbeits- und Tätigkeitsformen wieder. Präsentationen und Konferenzen sind soziale Interaktionen, die zu gemeinsamen Handeln verhelfen sollen.

Nicht nur für Konferenzen, sondern allgemein wurden in diesem Gore-Seminar zentrale Techniken der Präsentation trainiert: erläutert wurden die Präsentation von Konzepten und strategische Überlegungen. Es wurde gezeigt, wie man sich auf eine Präsentation oder ein informelles Meeting vorbereitet und beides professionell durchführt. In Kleingruppen wurde erarbeitet, wie man beispielsweise sein Publikum erreicht, desinteressierte Zuhörer motiviert oder wie man sich verhält, wenn mal wieder der rote Faden verloren gegangen ist.

4.8.2 Seminarablauf

In diesem Seminar ging es nicht um verhaltenswissenschaftliche Begründungen, sondern um die Anwendung der entsprechenden Techniken in konkreten Situationen. Beide Techniken dienen durch Informationsvermittlung und Interaktion zwischen Gruppen dazu, Lösungen für Probleme und Aufgaben zu erarbeiten beziehungsweise zur Verfügung zu stellen. (s. Tabellen 9 und 10)

Tab. 9: Seminarablauf „Präsentation/Konferenztechnik“ 1. Tag

Freitagabend		
Inhalt	**Ziel**	**Methode**
Begrüßung, Organisation, Vorstellung Trainer, Vorstellung der Teilnehmer als 1-Minuten Einzelpräsentation	Warming up, spontaner Stressabbau vor Präsentationen	Trainerinput, Einzelpräsentationen der Teilnehmer vor der Gruppe mit Videoaufzeichnung
Kurzauswertung der Einzelpräsentationen	Vermitteln eines ersten Erfolgserlebnisses	Gruppengespräch
Soziale Kompetenz	Bedeutung und Ebenen eines Gesprächs „Wie wirklich ist die Wirklichkeit?“ Gespräche besser führen	Input des Trainers, Flip Chart
Präsentationsanlässe	Bedeutung und Häufigkeit des Themas herausarbeiten	Offener Dialog, Flip Chart Sammlung
Vorbereitung der Präsentation: Zielgruppenanalyse und Zielfindung; Empfängerorientierung, Strukturen schaffen, Phasen einer Präsentation	Grundlagen der Präsentation verstehen lernen	Offener Dialog, Folienpräsentation durch Trainer
Präsentationen gestalten: Aufbau und Strukturen von Präsentationen	Gerüst für den Aufbau von Präsentation vermitteln: Sehen und Wahrnehmen Gestaltgesetze Farbwirkungen Graphiken und Diagramme Gestaltungstipps	Impulsvortrag Trainer, Offener Dialog, Folienpräsentation durch Trainer
Eine-Minute-Präsentation zu ausgewählten Stichwörtern	Trainieren von Kurzvorträgen, Sensibilisierung für individuelle rhetorische Stärken und Schwächen	Kurzpräsentation der Teilnehmer
Auswertung der Übung und Abschluss erster Tag	Feedback und positive Abrundung des ersten Tages	Gruppengespräch

Tab. 10: Seminarablauf „Präsentation/Konferenztechnik" 2. Tag

Samstag		
Inhalt	**Ziel**	**Methode**
Visualisierung und Medieneinsatz bei Präsentationen	Wirkung, Möglichkeiten und Grenzen verschiedener Visualisierungstechniken kennen lernen und den Umgang damit erproben	Offener Dialog, Folien- und Medienpräsentation, ad hoc Übungen
Organisation von Meetings	Bedeutung inhaltlicher und organisatorischer Vorbereitungen erkennen	Gesprächsziele, -partner, Vorbereitung, Durchführung, Nachbereitung
Durchführung von Meetings und Konferenzen 1: Ablaufphasen	Handwerkszeug für den Aufbau und Ablauf vermitteln	Offener Dialog, Trainerinput, Flip Chart
Die Konferenzleitung	Ablauf professioneller Konferenzleitung erproben und trainieren	Übungen in Kleingruppen, teilweise mit Videoaufzeichnung
Kurzauswertung der Übungen	Spontaner Erfahrungsaustausch	Gruppengespräch
Analyse der Videoaufzeichnung	Erkennen von Stärken, Erarbeiten von Lösungsmöglichkeiten bei Problemen	Gruppengespräch
Durchführung von Meetings und Konferenzen 2: der Moderator	Rolle und Aufgaben des Moderators erarbeiten und verstehen	Offener Dialog
Der Moderator	Rolle und Aufgaben des Moderators trainieren	Übungen in Kleingruppen
Auswertung der Übungen	Erkennen von Stärken, Erarbeiten von Lösungsmöglichkeiten bei Problemen	Gruppengespräch
Konferenzplanung und Konferenzvorbereitung	Bestuhlung, Beschallung, Projektionstechnik, Medieneinsatz planen	Trainervortrag mit Visualisierung

4.8.3 Bewertung der Inhalte und Unterrichtsmethodik

Richtlernziel des Seminars war es, den Teilnehmern zu vermitteln, dass sich Präsentationen und Moderationen von Konferenzen stets an der Zielgruppe und dem zu erreichenden Ergebnis zu orientieren haben. Dieser Vorgabe entsprechend wurden den Teilnehmern konkret nutzbare Soft Skills, beispielsweise in Form von Checklisten, vermittelt. Beispiele sind Überlegungen zum strukturierten Aufbau und Ablauf einer Veranstaltung sowie die Grundregeln zur visuellen Unterstützung des Dargebotenen.

Insgesamt war das Gore-Seminar „Präsentation/Konferenztechnik" in fünf inhaltliche Bereiche untergliedert. Der Inhalt mit der höchsten Wertschätzung war entsprechend dem Seminarthema dann auch „Präsentation". Immerhin 81,4% fanden diesen Inhalt informativ und die übrigen 18,6% noch ganz o. k. Die Erwartungen der Teilnehmer sind also damit erfüllt worden.

Überhaupt gab es bei diesem Seminar so gut wie keine Urteile, dass irgendein Inhalt uninteressant gewesen sei. Lediglich beim Thema „Meetings und Konferenzen" gaben 1,1% an, dieses hätte sie nicht interessiert. Hierbei ist hinzuzufügen, dass dieses Thema nicht immer behandelt wurde, was auch erklärt, warum 15,1% der Teilnehmer hierzu keine Bewertung abgaben. Wenn das Thema behandelt wurde, war man insgesamt zufrieden: 48,9% meinten, es wäre informativ gewesen und 50,0% hielten es für „ganz o. k.".

Die drei stärker gruppendynamisch geprägten Inhalte erhielten in etwa die gleiche Bewertung: „Soziale Kompetenz", „Erfahrungen und Erwartungen" sowie „Auswertung und Abschluss". Jeweils 74,2% bei Soziale Kompetenz, 73,5% bei Erwartungen und 69,8% bei Auswertung waren der Meinung, dass diese Inhalte informativ gewesen seien.

Methodisch wechseln sich notwendige theoretische Inputs durch die Trainer mit dem Training in Kleingruppen und im Plenum ab. Dabei wurde vor allem an der für die Themenstellung zentralen Botschaft gearbeitet: „Wie erreiche ich mein Publikum?"

Ausgestattet mit diesem Basiswissen ging es in den Übungen um das „learning by doing". Strategien im Umgang mit Störungen und Widerständen aus dem Publikum wurden erläutert und erprobt. Fragestellungen sind beispielsweise: „Wie gehe ich mit einer demotivierten Zuhörerschaft um?", „Wie verhalte ich mich, wenn ich den roten Faden verliere?", „Was mache ich mit Schwätzern oder Widersachern im Publikum?"

Auch in diesem Gore-Seminar wurde der „Vortrag des Trainers“ als die am besten geeignete Unterrichtsmethode gewertet. Immerhin 84,9% hielten sie für gut geeignet, 14,2% hielten sie für „o. k.“ und nur 0,9% lehnten sie ab. In allen drei Gore-Seminartypen einheitlich beurteilt wurden die „Gruppenübungen und Spiele“, die hier 76,7% für geeignet, 21,4% für „o. k.“ und 1,9% für weniger geeignet einstuften.

Als gut geeignet für das Erlernen der Präsentationstechniken erweisen sich die „Einzelarbeit“ und die „Präsentationen“ selbst. Bei der „Einzelarbeit“ ist jedoch die Spannweite größer: 72,3% sagen, sie wäre gut geeignet, 23,8% halten sie für geeignet und 4,0% lehnen sie ab. Bei der Methode „Präsentationen“ ist das Bild einheitlicher: 68,6% finden sie gut, 30,5% ganz o. k. und nur 1,0% lehnen sie ab.

Auch hier gilt, dass es keine besonders gut geeignete Methode gibt, um Konferenztechnik und Präsentationen zu vermitteln, sondern dass der angebotene Methoden-Mix den Anforderungen und Erwartungen völlig entspricht.

4.8.4 Hinweise zur Seminarstrukturierung

Auch hier stellt sich abschließend die Frage, ob trotz durchweg informativer und interessanter Inhalte sowie einer erwachsenengerechten Unterrichtsmethodik Verbesserungen möglich sind und Hinweise zu einer zukünftigen Strukturierung der Seminare gegeben werden können. Statistisch-methodisch wurde wieder auf die Faktoranalyse zurückgegriffen. Im Unterschied zu den anderen beiden Seminartypen mit ihrer weitgehenden Unabhängigkeit von Inhalten und Methoden ist hier eine Mischung festzustellen. Mit anderen Worten: für bestimmte Inhalte erweisen sich auch bestimmte Methoden des Unterrichts als besonders geeignet.

Faktor 1 erklärt 22,8% der Gesamtvarianz besteht aus vier Variablen. Es sind dies die Methode „Gruppenübungen“, der Inhalt „Erfahrungen und Erwartungen“, die Methode „Vortrag“ und der Inhalt „Soziale Kompetenz“.

Faktor 2 umfasst 20,5% der Gesamtvarianz mit drei Variablen. Diese sind die Seminarinhalte „Meetings, Konferenzen“ sowie „Auswertung und Abschluss“ sowie die Methode „Einzelarbeit“.

Faktor 3 (14,6% Gesamtvarianzanteil) besteht aus den beiden Variablen Methode „Metaplan, Präsentationen“ und dem Seminarinhalt „Präsentation“. Dieser Faktor ist am leichtesten zu interpretieren und bedeutet, dass Präsentationen am besten dadurch zu erlernen sind, dass sie mit dieser

Methode auch geübt werden. Eine theoretische Vermittlung lehnen die Teilnehmer hierbei weitgehend ab.

Um Meetings und Konferenzen moderieren zu können, die Auswertung des Seminars wird augenscheinlich auch als ein Meeting verstanden, sollten Einzelübungen vorgesehen werden.

Um die eigenen Erfahrungen und Erwartungen zu artikulieren und soziale Kompetenzen zu erwerben bietet es sich an, einen Methoden-Mix aus Trainerinput und Gruppenarbeit vorzusehen.

Insgesamt sollte ein eher trockenes und technisch anmutendes Thema wie Konferenztechnik und Präsentationen durch einen umfänglichen Methoden-Mix interessant vermittelt werden. Die Soft Skills der „Methodenkompetenz", zu der diese Thematik zu rechnen ist, verlangt also einen deutlich abwechslungsreicheren Unterricht als Seminare zu den sozialen Soft Skills.

5. Sozialsponsoring

Für die Fortbildung von nichtfachbezogenen Kompetenzen, also hier von Soft Skills, kommt bei den NPO ein weiteres Problem hinzu: oft fehlt es schlicht und ergreifend an den hierfür notwendigen finanziellen Mitteln. Möglicherweise können derartige Seminare noch für die Beschäftigten finanziert werden, für die vielen freiwillig Engagierten ist dieses meist nicht der Fall. Eine Finanzierung durch die öffentliche Hand ist angesichts der entsprechenden engen Anspruchsvoraussetzungen ebenfalls nur selten möglich.

Insofern wird nach dem Subsidiaritätsprinzip vielfach darauf gesetzt, dass private Geldgeber, so genannte Sponsoren gefunden werden. Sponsoring ist, im Unterschied zum Mäzenatentum, immer ein Geschäft auf Gegenseitigkeit. Der Sponsor tritt offen auf und muss eine Gegenleistung für seine Unterstützung erhalten. Die Frage ist, welche Gegenleistung kann beim Sozialsponsoring erwartet werden?

Denn hierbei handelt es sich nicht um das klassische Sponsoring. Zwar gewinnen neben dem *Sport- und Kultursponsoring* auch das *Sozial- und Ökosponsoring* an Bedeutung. Allerdings konzentrieren sich die Sponsoren weitgehend immer noch auf das Sportsponsoring, 77% aller Sponsoringausgaben betreffen den Sport, während auf das Sozialsponsoring nur 5% entfallen.[116]

Das Besondere am Sozialsponsoring, identische Begriffe sind Sozio- und Social-Sponsoring, ist der Fördergedanke, der hier von weit größerem Gewicht ist als insbesondere beim Sportsponsoring. Es geht nicht nur um externe Kommunikationsziele, sondern durch die Bereitstellung von Finanz- und Sachmitteln sowie Dienstleistungen soll direkt oder indirekt auch die eigene Unternehmenskultur des Sponsors positiv beeinflusst werden.[117]

Sozialsponsoring enthält damit Elemente einer *Public Private Partnership* (PPP), auf Deutsch Öffentlich-Private Partnerschaft.[118] Üblicherweise wird hierunter die kooperative Zusammenarbeit zwischen Staat

116 nach *Hermanns* (2004)

117 *Bruhn* (1990)

118 Gesetz zur Beschleunigung der Umsetzung von Öffentlichen Privaten Partnerschaften und zur Verbesserung gesetzlicher Rahmenbedingungen für Öffentliche Private Partnerschaften vom 1. September 2005. Bundesgesetzblatt Jahrgang 2005 Teil I Nr. 56 zu Bonn am 7. September 2005, 2676

und gewerblicher Wirtschaft verstanden, die oft auch mit einer teilweisen Privatisierung öffentlicher Aufgaben einhergeht. Hierbei sollen die Partner ihre unterschiedlichen Stärken einsetzen und eine langfristig geregelte Partnerschaft zwischen Privatwirtschaft und öffentlicher Hand vertraglich eingehen.

Die Deutsche Jugendfeuerwehr ist zwar kein unmittelbarer Bestandteil der öffentlichen Hand, aber eine gesellschaftlich wichtige Einrichtung. Sie nimmt als Nachwuchsorganisation der Feuerwehren subsidiär gemeinnützige Aufgaben war. Insofern beinhaltet die Kooperation zwischen dem Unternehmen W. L. Gore & Associates und der Deutschen Jugendfeuerwehr viele Elemente einer PPP.

Es ist offensichtlich, welche Vorteile die Jugendfeuerwehr aus der Partnerschaft zieht: hiermit können den Führungskräften wichtige Soft Skills für ihr ehrenamtliches Engagement und darüber hinaus vermittelt werden. Ohne die finanzielle Unterstützung des Sponsors wäre dies zumindest nicht in diesem Maße möglich. Worin aber liegt der Vorteil für den privaten Partner im Sponsoring, W. L. Gore & Associates?

5.1 Sozialsponsoring: Gore-Seminare der DJF

Den Nutzen für das Unternehmen W. L. Gore & Associates kann man nur ermessen, wenn man sich mit der Unternehmenskultur auseinander setzt. Für dieses Unternehmen sind soziales Engagement und wirtschaftliches Handeln keine Gegensätze.[119] Schon die Vision des Firmengründers Bill Gore im Jahr 1958 lautete „make money and have fun!“[120] Bereits häufiger wurde die deutsche Dependance von W. L. Gore & Associates als bester Arbeitgeber in der Kategorie 501 bis 5.000 Mitarbeiter ausgezeichnet. Grund war vor allem der Respekt des Managements gegenüber den Mitarbeitern. Auch in den anderen Kategorien Fairness, Stolz und Teamgeist wurde von den Mitarbeitern jeweils dem Unternehmen ein „sehr gut“ gegeben.[121] Insofern passt Sozialsponsoring zur Unternehmenskultur und kann Teil der Kommunikationsstrategie sein.

119 Ausführungen nach Kleis, Rudolf, Mitglied der Geschäftsführung der W. L. Gore & Associates im Flyer „Neue Wege gehen – Partnerschaft baut Brücken“. Putzbrunn 2000

120 Presseinformation W. L. Gore & Associates: Möglichst viel Freiraum und möglichst wenig Regeln. Putzbrunn, Februar 2006, S. 1

121 nach Capital 4/2006: Die Geheimnisse der Sieger

Obwohl beim Sozialsponsoring die externe Kommunikation nicht so sehr im Vordergrund steht wie bei den anderen Sponsoringarten, können Unternehmen auch hier die Möglichkeit nutzen, soziales Engagement zu demonstrieren. Wenn sie sich als Förderer von NPO profilieren, werden Zielgruppen erreichbar, die den Kommunikationsinstrumenten eher kritisch gegenüberstehen. Die Jugendfeuerwehr ist dem Unternehmen W. L. Gore & Associates von den Aktivitäten im Feuerwehrbekleidungsmarkt her bekannt. Und sie ist eine der größten Jugendorganisationen in Europa. Die Feuerwehren insgesamt sind weltweit einer der größten Kunden der textilen Division von W. L. Gore & Associates. Es werden spezielle Schutzkleidungen für Feuerwehren entwickelt, die den Hitzestress deutlich reduzieren bei gleichzeitiger Wasserdichte. Das Unternehmen Gore verdient also im Sinne seines Gründers durchaus Geld mit der Feuerwehr, will andererseits aber auch die Gemeinschaft unterstützen. Damit werden beide Merkmale eines sinnvollen Sponsorings in der Form des Sozialsponsorings erfüllt.

Eine positive externe Kommunikation und eine positive Beeinflussung der eigenen Unternehmenskultur sind nachvollziehbare und auch messbare Zielgrößen des Sozialsponsorings. Auch die Auswahl des „Sponsees", des Gesponserten ist einsichtig. Warum aber wird Fortbildung gefördert? Auch dieses erklärt sich aus der Unternehmenskultur: W. L. Gore & Associates versteht sich als ein lernendes Unternehmen. Die Bedeutung der ständigen Weiterentwicklung ist damit evident. Daher wird, entsprechend der theoretischen Fundierung des Sozialsponsorings, nicht nur einfach Geld gegeben; sondern es wurde bei der Öffentlichkeitsarbeit und der Umsetzung des Projekts unterstützt sowie das „Know-How" im Bildungsbereich eingebracht.

„Neue Wege gehen – Partnerschaft baut Brücken" – unter diesem Motto sponserte daher W. L. Gore & Associates ab 1999 die erste Seminarreihe für Führungskräfte der Deutschen Jugendfeuerwehr. Erste Zielgruppe waren die 480 Kreisjugendfeuerwehrwarte, von denen 300 erreicht wurden. Mit der zweiten Seminarreihe wurde die Zielgruppe auf alle rund 17.800 DJF-Führungskräfte ausgedehnt, von denen wiederum rund 325 erreicht wurden.[122]

Unstrittig konnten die inhaltlichen Ziele erreicht werden: Die Zufriedenheit der Teilnehmer mit den knapp zweitägigen Seminaren war äußerst

122 Die folgenden Ausführungen basieren weitgehend auf dem Sponsoring-Konzept von Michael Haag, Leiter Public Relations W. L. Gore & Associates GmbH, Putzbrunn/München

hoch, der Nutzen für die ehrenamtliche Tätigkeit bei der DJF, aber auch für den eigenen Beruf wurden als hervorragend eingestuft. Die Seminarberichte sowie die Auswertung der Seminarevaluation belegen diese positiven Effekte.

Sozialsponsoring kann nur dann dauerhaft eine betriebliche Option sein, wenn sie auch in der externen Kommunikation nachhaltige Effekte erzielt. Für W. L. Gore & Associates zeichnen sich folgende Effekte ab:

Der Bekanntheitsgrad von Gore bei der Zielgruppe ist gestiegen und das Image ist insbesondere bei Mitgliedern der DJF positiv besetzt („Gore-Seminare").

Es wird ein Zusammenhang zwischen den Seminaren und den Gore-Produkten, insbesondere den Gore-Tex Feuerwehr-Funktionstextilien, hergestellt.

Die Botschaft, dass Gore ein lernendes Unternehmen ist, wird glaubhaft vermittelt.

5.1.1 Sozialsponsoring: Konzept und Zielgruppen

Das Konzept des Sozialsponsorings umfasst zwei Staffeln von Gore-Seminaren. Von 1998 bis 2001 wurde das erste Sozialsponsoringprojekt die DJF mit 30 Seminaren eines Typs unterstützt. Dieses fand an unterschiedlichen Orten in der Bundesrepublik Deutschland statt. Die zweite Staffel der Gore-Seminare lief von 2003 bis 2006. Der Gesamtumfang von 30 bundesweit abzuhaltenden Wochenendseminaren mit jeweils 12 Teilnehmern in drei Jahren wurde beibehalten. Inhaltlich wurde das Konzept auf drei Seminartypen erweitert. Örtlich dagegen wurde es auf einen Seminarort, Bonn, begrenzt, um den Erfahrungsaustausch zwischen den deutschen Regionen zu ermöglichen.

Die aktuellen gesellschaftspolitischen Trends in Deutschland, beispielsweise Pisa-Studie, internationale Wettbewerbsfähigkeit Deutschlands und ähnliches unterstreichen den weiter wachsenden Stellenwert von Fortbildung. Daher förderte Gore die Fortbildung der ehrenamtlichen DJF-Führungskräfte. Für die DJF war entscheidend, dass ihr Bildungsangebot über ein praxisorientiertes Seminarangebot erweitert wurde. Neben den beschriebenen Effekten sollte sich damit auch die Attraktivität als moderne NPO bei den Mitgliedern und Interessenten erhöhen.

Ziel des Sponsorings war es für Gore, bei den Zielgruppen Führungskräfte der Jugendfeuerwehr das Image als soziales Unternehmen aufzubauen beziehungsweise signifikant zu verbessern.

Bei den Zielgruppen wurde zwischen einer primären und einer sekundären Zielgruppe unterschieden. In der ersten Gore-Seminarreihe mit 30 Intensiv-Seminaren wurden bundesweit rund 300 von insgesamt 480 Kreisjugendfeuerwehrwarten (KJFW) im Umgang mit Konflikten geschult. Kreisjugendfeuerwehrwarte sind Führungskräfte, die sich überwiegend aus aktiven Feuerwehrleuten rekrutieren.

In der zweiten Seminarstaffel wurden alle DJF-Führungskräfte als Zielgruppe definiert. Der Teilnehmerkreis war damit nicht mehr auf die Kreisjugendfeuerwehrwarte beschränkt. Dies war eine gravierende Verbreiterung der Zielgruppe von rund 480 auf knapp 17.800 potenzielle Seminarteilnehmer. Hierzu gehören die Landesjugendfeuerwehrwarte, Bezirks-, Kreis-, Stadt- und Gemeinde-Jugendfeuerwehrwarte.

Als sekundäre Zielgruppe galten bei beiden Seminarreihen folgende Gruppen: Die übrigen Leitungspersonen in der DJF, beispielsweise die Bildungsreferenten der Länder, die Mitglieder DJF selbst, also die Jugendlichen und die natürlichen Mitglieder im *Deutschen Feuerwehrverband* (DFV), also die Meinungsbildner im Feuerwehrmarkt und die aktiven Feuerwehrleute. Außerhalb der Feuerwehrorganisation waren Zielgruppen die Gore-Partnerkonfektionäre und -händler, die Feuerwehrfachpresse, die Tages- und Lokalpresse, die Meinungsbildner in Politik, Fortbildung und Verwaltung sowie die breite Öffentlichkeit.

5.1.2 Sozialsponsoring: Wirkungskontrolle

Durchgeführt wurden die Gore-Seminare als Fortbildungsveranstaltungen nur noch an einem Standort, beim Gustav-Stresemann-Institut in Bonn. Insgesamt wurden vier erfahrene Trainer und Trainerinnen eingesetzt, die sich auch gegenseitig vertreten konnten, damit kein Seminar ausfallen musste.

Die Teilnehmer konnten sich nur noch über das Internet anmelden; frühestens zwei Monate vor dem jeweiligen Start des Seminars. Dazu wurde eine spezielle Gore-Seminar Internet-Site auf der Homepage der DJF entwickelt. Die Teilnehmer erhielten für die erfolgreiche Teilnahme ein Zertifikat, um den Qualitätsstandard zu dokumentieren.

Mit der DJF erfolgt eine inhaltlich abgestimmte Erweiterung des Seminarangebotes:

- Kommunikation/Rhetorik
- Teamentwicklung
- Konferenztechnik

Eine positive Bewertung der Gore-Seminare durch die Teilnehmer ist unabdingbare Voraussetzung, um die Zielsetzungen erreichen zu können. Daher wurden beide Seminarstaffeln wissenschaftlich evaluiert. Wie beim ersten Sponsoring wurden alle Seminar-Module nach ihrem Nutzen für die Teilnehmer evaluiert, jeweils unmittelbar nach dem Seminar, um den Lernerfolg festzustellen.

Eine weitere kommunikationswissenschaftliche Wirkungskontrolle der ersten Seminarstaffel erfolgte über eine begleitende Magisterarbeit sowie eine Abschlussbefragung durch Gore im Herbst 2001. Die Ergebnisse belegen, dass die gesetzten Kommunikationsziele erreicht wurden. Das Image von Gore, vor allem bezogen auf die Eigenschaften modern, sozial und innovativ, hatte sich bei der Zielgruppe signifikant verbessert.

5.2 Information und Kommunikation

Die interne Kommunikation kann in NPO wie der Deutschen Jugendfeuerwehr weit weniger gesteuert werden als in Unternehmen. Die Gründe sind offensichtlich: es gibt weit weniger organisierte Meetings zum Informationsaustausch, die Organisationsteilnehmer agieren teils beruflich als hauptamtliche Mitarbeiter und teils in ihrer Freizeit als ehrenamtliche Mitarbeiter und sind meist regional organisiert, insgesamt aber über einen wesentlich größeren Raum verteilt, im vorliegenden Fall ganz Deutschland. Insofern müssen bei der Planung von Seminaren effiziente Kommunikations- und Organisationsstrukturen geschaffen beziehungsweise die bestehenden entsprechend genutzt werden.

Die flankierende Kommunikationsarbeit zu den Gore-Seminaren wurde daher in einer Weise gestaltet, dass sich Gore und die DJF bestmöglich bei den definierten Zielgruppen positionieren können. Hierzu wurde das Projekt von verschiedenen PR-Aktivitäten begleitet: ein gemeinsamer Messeauftritt auf der Interschutz 2000, zwei Treffen zum Erfahrungsaustausch für die Seminarteilnehmer in Putzbrunn und zahlreiche Presseaktionen. W. L. Gore & Associates ist der einzige Sozialsponsoring-Partner der DJF.

5.2.1 Identitätsorientierte Kommunikationsstrategie

Für die zweite Seminarstaffel musste die Kommunikationsstrategie umgestellt werden, ohne den Wiedererkennungswert der Marke „Gore-Seminare“ einzuschränken. Nach den kommunikationswissenschaftlichen

Analysen war davon auszugehen, dass die erste Gore-Seminarstaffel in der DJF weitgehend bekannt ist. Um die Kontinuität der Markenführung zu gewährleisten, musste daher an der Kommunikation für die erste Seminarstaffel angeknüpft werden.

Dieses bedeutete, dass die Markenkennzeichen beibehalten werden mussten: Der Name „Gore-Seminare“, die Nutzung der Logos der beiden Protagonisten Deutsche Jugendfeuerwehr und W. L. Gore & Associates und die Anmeldung für die Seminare sowie die Betreuung der Teilnehmer durch die Deutsche Jugendfeuerwehr. Die Wahrnehmung der Marke „Gore-Seminare“ durch die Führungskräfte der DJF sollte damit eine hohe Kontinuität zur ersten Seminarreihe aufweisen.

Die Kontinuität war auch deshalb notwendig, damit die Führungskräfte Vertrauen in die Marke „Gore-Seminare“ erhalten. Denn Vertrauen ist notwendig, damit die „Kunden“ langfristig gebunden werden.[123] Zwar gibt es keine konkurrierenden Seminarangebote, so dass nicht ein Wechseln, sondern nur ein Verzicht möglich wäre. Aber der Imagetransfer von der Marke „Gore-Seminare“ auf die Produkte von Gore könnte Schaden nehmen. Etwa nach dem Motto „Wenn die die Seminare nicht hinkriegen, wie sieht es dann mit deren Produkten aus?“ Besteht aber Vertrauen in die professionelle und sinnvolle Gestaltung der Gore-Seminare, so kann dieses durchaus auch ein Wettbewerbsvorteil sein.

Die Identität einer Marke muss konsistent und relevant sein. Die Relevanz der Marke „Gore-Seminare“ wurde bereits anhand der Nutzenanalysen eindrucksvoll belegt. Beide Seminarstaffeln haben eine extrem hohe Bedeutung für die Führungstätigkeiten in der Jugendfeuerwehr. Die Konsistenz wurde dadurch erreicht, dass die meisten externen Kommunikationstools in beiden Seminarstaffeln gleichermaßen verwandt wurden.

Im Wesentlichen wurden folgende Tools verwendet: Internet, Pressearbeit und Informationsveranstaltungen. Als zusätzliches und neues Kommunikationstool gegenüber der ersten Seminarstaffel wurde eine Internet-Site zu den Gore-Seminaren als integraler Bestandteil der DJF-Homepage geschaffen. Hiermit sollte einerseits eine entsprechende Identität aufgebaut werden und andererseits sollten auch die Verwaltungskosten gesenkt werden. Weitere Vorteile wurden in dem sehr hohen Verbreitungsgrad mit Möglichkeit von interaktiven Komponenten sowie in der Aufwertung der Seminare und DJF-Homepage gesehen.[124]

---

123 *Meffert/Burmann* (2005), S. 30 ff.

124 *Haag* (2003), S. 7 ff.

Die breite Auslegung der Kommunikationsstrategie resultiert aus den relativ umfänglichen und vielen Zielgruppen der zweiten Seminarstaffel: die DJF-Führungskräfte, die übrigen Leitungspersonen in der DJF, beispielsweise die Bildungsreferenten der Länder und die Mitglieder DJF selbst, also die Jugendlichen. Auch die Erwachsenenorganisation, der Deutsche Feuerwehrverband (DFV), aktive Feuerwehrleute und die Feuerwehrfachpresse sind als Meinungsbildner im Feuerwehrmarkt zu berücksichtigen. Außerhalb der Feuerwehren sollten die Gore-Partnerkonfektionäre und -händler, die Tages- und Lokalpresse sowie die Meinungsbildner in Politik, Fortbildung und Verwaltung und damit die breite Öffentlichkeit informiert werden.

Die identitätsorientierte Kommunikationsstrategie ist auch deshalb notwendig, weil sie mit den Grundsätzen des Sozialsponsorings harmoniert. Wie ausgeführt, hat Sozialsponsoring nicht nur ein externes, ökonomisches Kommunikationsziel, sondern will auch die Unternehmenskultur des Sponsors positiv beeinflussen. Identitätsorientierte Markenführung erweitert die absatzbezogenen Ziele um eine innengerichtete Kompetenzperspektive. Die „Associates“ von W. L. Gore & Associates finden sich durch die erfolgreichen „Gore-Seminare“ in ihrer Identität bestätigt, dass sie Mitglieder eines lernenden und professionell agierenden Unternehmens sind. Die Unternehmensethik beschränkt sich damit nicht nur auf den inneren Bereich, sondern ist Ausdruck für ein ganzheitliches Konzept.

5.2.2 Kommunikations-Tools

Für die externe Kommunikation wurde entsprechend der Kommunikationsstrategie weitgehend auf die aus der ersten Staffel bekannten Tools zurückgegriffen. Die einzelnen Kommunikations-Tools wie Pressearbeit, Veranstaltung, Internet und Ausstellung wurde hierzu entsprechend den einzelnen Zielsetzungen und Zielgruppen eingesetzt.

Im Sinne der identitätsorientierten Markenführung wurde die Bildmarke „Sponsoring Gore“ und die Seminarbezeichnung „Gore-Seminare“ eingeführt. Die speziell gestaltete Bildmarke für das Sponsoring wurde um den Schriftzug „Gore – 1. Offizieller Sponsor der Deutsche Jugendfeuerwehr“ ergänzt. Diese Bildmarke wurde auf Programmankündigungen, Arbeitsmaterialien, Seminarunterlagen sowie im Internet und der flankierenden Pressearbeit im „Lauffeuer“ sowie bei Ausstellungen etc. verwendet. Sie steht als Aufkleber, Poster oder Signet zur Verfügung. Alle Seminare werden einheitlich als „Gore-Seminare“ bezeichnet.

Folgende Kommunikationstools wurden eingesetzt:

Pressearbeit: Die Pressearbeit konzentrierte sich bei der zweiten Seminarstaffel weitgehend auf Beiträge mit wechselnden Themen über die Gore-Seminare im „Lauffeuer". In dieser Zeitschrift wurden regelmäßig Erfahrungsberichte über die Seminare gegeben und das Konzept insgesamt vorgestellt. Das „Lauffeuer" ist das Organ der Deutschen Jugendfeuerwehr mit einer Auflage von 11.000 Exemplaren und erscheint monatlich, wobei 2006 der 33. Jahrgang war.

Die Verbandszeitschrift der DJF erwies sich nach dem Internet als zweitwichtigstes Kommunikationsmedium. Es wurden dort nicht nur die Berichte veröffentlicht, sondern das Medium diente auch als Informationsquelle für die Teilnehmer. Mit einem Anteil von 14% gehörte das „Lauffeuer" zu den am stärksten genutzten Möglichkeiten, Informationen über die Teilnahme an den Gore-Seminaren zu erhalten. Zusammen mit der Internetseite „Gore-Seminare" erhielten mehr als 40% der Teilnehmer ihre Erstinformation aus den dafür speziell geschaffenen beziehungsweise eingesetzten Medien. Dieses unterstreicht deren hohe Bedeutung für die interne Kommunikation der NPO.

Veranstaltungen/Ausstellungen: Die DJF und teilweise auch Vertreter von W. L. Gore & Associates haben das Sponsoring bei geeigneten Anlässen präsentiert, beispielsweise beim DJF Delegiertentag, dem Deutschen Jugendfeuerwehrtag und der Messe Interschutz.

Dieses Kommunikationskonzept wurde in mehrfacher Hinsicht evaluiert. Zum einen wurde die Zahl der Publikationen im „Lauffeuer" und anderen Feuerwehrpublikationen festgehalten. Zum anderen wurden die Teilnehmer im Rahmen der Seminarevaluation offen befragt, wie sie an die Informationen über die Gore-Seminare gelangt sind. Sie konnten mehrere Antworten geben, wobei immer die erste Antwort kategorisiert wurde. Angenommen wird, dass die Quelle, die als erste genannt wurde, die größte Bedeutung hatte. (s. Tabelle 11)

Tab. 11: Auswertung Informationsquellen der Gore-Seminare

Quelle	Anzahl	Anteil
Internet	79	26,3%
Kreisjungendfeuerwehrwart/in	46	15,3%
Stadtjugendfeuerwehrwart/in	45	15,0%
„Lauffeuer"	42	14,0%
Landesjugendfeuerwehrwart/in	37	12,3%
Bundesjugendfeuerwehrleitung	27	9,0%
Mundpropaganda	24	8,0%
Gesamt	300	99,9%

Multiplikatoren: Als zweites wichtiges Informationselement neben den beiden Medien wurden die Führungskräfte gesehen. Sie wurden als Multiplikatoren in das Kommunikationskonzept einbezogen. Die Annahme war, dass sie das Seminarkonzept empfehlen würden, wenn sie hiervon überzeugt wären. Daher wurden die Führungskräfte angeschrieben und erhielten Informationen auf den Veranstaltungen der DJF.

Dieses Konzept hat sich als erfolgreich erwiesen; fast 52% aller Teilnehmer erhielten ihre Erstinformationen von den Führungskräften. Dieses bestätigt auch die Annahme, dass Informationen durch die Führungskräfte besonders glaubhaft sind und daher eine hohe Wirkung entfalten. Die Mehrzahl der Teilnehmer erhielten die Informationen von Vertretern der regionalen Ebene: von den Stadtjugendfeuerwehrwarten (15,0%) sowie den Kreisjugendfeuerwehrwarten (15,3%). Es folgten Informationen durch die Landesebene (12,3%) und die Bundesjugendleitung (9,0%). Die Intention des Sponsors, über die Seminare auf allen Ebenen bekannt zu werden, wird hiermit belegt.

Das Kommunikationskonzept ist also in vollem Umfang aufgegangen, da 92% der Teilnehmer auf einem der beiden intendierten Wege ihre Informationen erhielten. *Informelle Informationen*, oft als Mundpropaganda bezeichnet, diente lediglich 8% der Teilnehmer als Erstinformation. Dies bedeutet nicht, dass dieser Kanal unwichtig wäre; im Gegenteil: Die vielen Nennungen „Mundpropaganda", „von Teilnehmern gehört", an zweiter

Stelle zeigen, dass informelle Informationen eher zur Absicherung der Entscheidungen herangezogen wurden. Im Sinne der kognitiven Dissonanztheorie wird hiermit die soziale Unterstützung anderer Individuen gesucht. Auch die Statements im Chat Room, die überwiegend sehr positiv ausfallen oder die Interviews mit Teilnehmern im „Lauffeuer" dienen der Legitimation der Entscheidung für die Teilnahme an den Gore-Seminaren.

5.2.3 Nutzung des Internet

Eine besondere Betrachtung verdient das Internet, da es als Kommunikationsinstrument erstmalig bei der zweiten Seminarstaffel gezielt eingesetzt wurde. Hiermit wurden gleich mehrere Ziele verfolgt: (1) Die Anmeldung zu den Seminaren sollte vereinfacht werden, (2) die Kosten der Seminarorganisation sollten gesenkt werden, (3) es sollte ein zeitnaher Informationsaustausch zwischen den Teilnehmern möglich sein und die (4) Informationen zu und über die Gore-Seminare sollten schnell und umfassend kommuniziert werden. Das Internet ist damit sowohl Informations- und Kommunikationsplattform als auch formales Organisationsinstrument.

Da hiermit erstmals bei der Deutschen Jugendfeuerwehr das Internet umfänglich für die Anmeldung zu einem Seminar genutzt wurde, ist hierin auch ein Beitrag zur Modernisierung der Fortbildungen bei der Feuerwehr zu sehen. Erstmals konnten hiermit Erfahrungen mit diesem Medium gemacht werden. Zu Beginn der Seminarreihe zeigte sich, wie notwendig dies war, denn zahlreiche kleinere Fehler in Struktur und Programmierung traten auf. Nach ihrer Beseitigung verfügt die Deutsche Jugendfeuerwehr heute über ein effizientes Programm zur Seminaranmeldung. Letztlich kann sie hiermit auch ihr Image als moderne und zukunftsorientierte NPO verbessern, was insbesondere Jugendliche und junge Führungskräfte anspricht.

Wie wichtig dieses ist, zeigt der „Freiwilligen-Survey" 2004: Freiwillig Engagierte nutzen oft das Internet; 43% greifen auf dieses Kommunikationsmedium zurück, insbesondere in der Jugend- und Bildungsarbeit sowie der Interessenvertretung.[125] Allerdings ist dieses bei den Feuerwehren bisher deutlich weniger der Fall: von den 12 Tätigkeitsbereichen rangieren Feuerwehren und Rettungsdienste mit 34% erst an 9. Stelle. Genutzt wird das Internet vor allem zur Informationsbeschaffung, teilweise auch zur Vernetzung der Aktivitäten. Insofern ist die bessere Nutzung des Internet, von vielen als eine weitere „Soft Skill" angesehen, ein durchaus

125 vgl. BMFSJF 2005, S. 32 f.

intendierter wichtiger Nebeneffekt, der durch die „Gore-Seminare" ausgelöst wurde.

Die für das Sponsoring durch W. L. Gore & Associates speziell erstellte Internetseite (s. Abbildung) über die zweite Staffel der Seminarreihe wurde nach folgenden Kriterien entwickelt: Die Seite ist Teil der Homepage der DJF und hat einen Link zur deutschsprachigen GORE Fabrics Homepage. Auf dieser Homepage wurden die Entwicklung und das Implementieren der neuen Seminare anschaulich und regelmäßig aktualisiert begleitet. Als interaktive Plattform sollte sie nicht nur die Teilnehmer, sondern auch weitere DJF-Mitglieder an das Gore Sponsoring binden.

Adresse: http://www.jugendfeuerwehr.de/7/0.php

Speziell für die Erstinformation, also als Informationsplattform, wurden weitere Materialien eingestellt. Hierzu gehörten der Sponsoring Flyer zur ersten Staffel des Sozialsponsorings. Dieses Material wurde ebenso wie andere Informationen zum Downloaden bereitgestellt.

Entsprechend der zweiten Funktion, der Anmeldung zu den Gore-Seminaren, wurde eine spezifische Seite konzipiert. Auf dieser waren alle Seminare mit den Terminen aufgelistet und angezeigt, ob sie schon freigeschaltet beziehungsweise ob noch freie Plätze vorhanden waren. Jeder Teilnehmer und Bewerber musste diese Internetseite nutzen, um sich anzumelden.

Für die Teilnehmerkommunikation standen verschiedene Möglichkeiten zur Verfügung. Zum einen die entsprechenden Downloads und eingestellten Presseberichte über die Seminare als Kommunikation zwischen der Organisation und ihren Mitgliedern. Aber auch die Kommunikation zwischen Teilnehmern und von Teilnehmern zu den Mitgliedern war durch einen Chat Room und Weblog möglich. Gerade von diesem Instrument wurde auch häufig Gebrauch gemacht.

Fasst man die Erfahrungen mit diesem Internetportal zusammen, so ist das Fazit, dass gerade in NPO wie der Jugendfeuerwehr das Internet als geradezu ideales Kommunikationsinstrument bezeichnet werden kann. Die Vorbehalte, dass hierdurch bestimmte Personengruppen von der Information ausgeschlossen werden, erweisen sich nicht als stichhaltig. Angesichts der immer größeren Verbreitung des Internet dürfte dieses neben den Verbandszeitschriften das entscheidende Kommunikationsinstrument sein.

5.2.4 Chat Room im Internet

Um einen Eindruck davon zu bekommen, welche Informationen aus dem Chat Room für Interessenten und Teilnehmer zur zweiten Staffel der Gore-Seminare abzurufen waren, sind exemplarisch einige der Chats wiedergegeben:

„Ich bin restlos begeistert! Die intensive Herangehensweise der Seminarleiter an die Themen hat mich völlig überzeugt! Hier sind echte Profis am Werk, daran besteht kein Zweifel. Das Seminar war inhaltlich ein Volltreffer, von dem die Teilnehmer sehr profitiert haben. Auch sonst stimmte alles: Unterkunft und Verpflegung waren prima. Und die Atmosphäre war einmalig, wenn ich an die angenehmen Gespräche vor dem Kaminfeuer denke. Ich werde auf jeden Fall zum nächstmöglichen Zeitpunkt eine weitere Veranstaltung besuchen. Ich kann nur jedem empfehlen: Lasst euch diese kostenlosen Seminare nicht entgehen!“

„Ich habe im letzten „Lauffeuer“ von den Gore-Seminaren gelesen und an dem ersten Seminar mit dem Titel Kommunikation/Rhetorik in Bonn teilgenommen. Ich kann nur sagen - es war einfach Spitze! Ich kann mich nicht erinnern, dass ich jemals bei einem zweitägigen Seminar so viele praktische Tipps bekommen habe, die sowohl für die Arbeit in der Jugendfeuerwehr als auch im beruflichen und privaten Leben überaus nützlich sind. Auch die anderen Seminare der Reihe, die uns kurz von den zuständigen Referenten vorgestellt wurden, klangen äußerst vielversprechend und sind sicher nicht minder interessant und für unsere Arbeit hilfreich. Ich kann nur jedem/jeder empfehlen, dieses kostenlose Angebot zu nutzen und sich nicht wegen einer ggf. längeren Anfahrt (bei mir waren es fünf Stunden mit dem Zug) davon abhalten zu lassen.“

„Jetzt könnt Ihr ja wieder alle sagen: der Schwarz kann gut reden, aber ich habe das Seminar für Euch getestet. Es war: S U P E R!!! Frühstücksbüfett, Mittagsbüfett; Clubraum, um den Abend gemütlich ausklingen zu lassen; Einzelzimmer – Was wollt IHR mehr??? Jetzt werdet Ihr Euch sicherlich fragen: „Und was kostet das alles?“ Vollpension! Keine Teilnahmegebühr! Alles kostenlos!!! Nur die An- und Abreise müsst Ihr selber organisieren und tragen. Oder Ihr fragt Euren Leiter der Feuerwehr, ob Ihr ein Dienstfahrzeug bekommen könnt. Vielleicht finden sich zu dem Termin ja auch mehrere, so dass Ihr eine Fahrgemeinschaft bilden könnt. Ich würde mich freuen wenn Ihr diese Aktion unterstützt, Euch anmeldet und teilnehmt. Ihr könnt Euch direkt im Internet anmelden.“

„Danke ... für den super Lehrgang in Bonn! Hat mir sehr viel gebracht, was ich sowohl in der JF in Zukunft gut verwenden kann als auch im Beruf. Dadurch dass die halt auch professionell von der Leitung her sind, lernt man auch viel mehr...“

6. Literatur

Achtenhagen, Frank: Vorwort. In Deutsche Forschungsgemeinschaft (Hrsg.): Berufsbildungsforschung an den Hochschulen der Bundesrepublik Deutschland. Denkschrift. Weinheim 1990

Ackoff, Russel L./Finnel, Elsa Vergara/Gharajedaghi, Jamshid: Zukunftssicherung durch Controlling. Stuttgart 1989

Anheier, Helmut K./Priller, Eckhard: Der Dritte Sektor in Deutschland – Eine sozialökonomische Strukturbeschreibung. In: Jung, Rüdiger H./Schäfer, Helmut M./Seibel, Friedrich W. (Hrsg.) Economie Sociale. Fakten und Standpunkte zu einem sozialwirtschaftlichen Konzept. Frankfurt a.M. 1997

Aronson, Elliot/Wilson, Timothy D./Akert, Robin M.: Sozialpsychologie. 4., aktualisierte Auflage. München 2004

Beardwill, Ian/Holden, Len: Human Resource Management. A Contemporary Approach. 3rd Edition. Harlow 2001

Beck, Ulrich: Schöne neue Arbeitswelt. Frankfurt/Main 1999

Bendele, U.: Soziale Hilfe zu Discountpreisen. In: Müller, Siegfried/Rauschenbach, Thomas (Hrsg.): Das soziale Ehrenamt – Nützliche Arbeit zum Nulltarif. 2. Aufl., Weinheim/München 1992

Bender, Walter: Ehrenamtliche als Adressaten und Ressource der Erwachsenenbildung. In: GdWZ 2004, Heft 1, 15. Jg.

Blake, Robert/Mouton, Jane S.: The Managerial Grid. Houston 1964; deutsch: Verhaltenspsychologie im Betrieb. Das neue Grid-Management-Konzept. Erweiterte und auf den neuesten Stand gebrachte Neuauflage, Düsseldorf 1980

BMFSFJ (Hrsg.): Freiwilliges Engagement in Deutschland 1999-2004. München, Dezember 2005

Borger, R./Seaborne, A.E.M.: The Psychology of Learning. Harmondsworth 1966

Boston Consulting Group, The (Hrsg.): Die Zukunft bilden. Eine gemeinsame Aufgabe für Schule und Wirtschaft. München, Februar 2002

Brater, Michael/Büchele, U.: Persönlichkeitsorientierte Ausbildung am Arbeitsplatz. München 1991

Bröckermann, Reiner: Personalwirtschaft. Köln 1997

Bruhn, Manfred: Sozio- und Umweltsponsoring: Engagements von Unternehmen für soziale und ökologische Aufgaben. München 1990

Bruhn, Manfred: Sponsoring: Systematische Planung und integrativer Einsatz. 4. Auflage. Wiesbaden 2003

Bullinger, Hans-Jörg/Mytzek, Rolf/Zeller, Beate (Hrsg.): Soft Skills. Überfachliche Qualifikationen für betriebliche Arbeitsprozesse. Bielefeld 2004

Bund der Deutschen Katholischen Jugend, Diözesanverband Mainz (BDKJ): Jugendverbandsarbeit als Qualifikation. Nachweis für Ehrenamtlichkeit. 3. Auflage Mainz 1999

Bunk, Gerhard P.: Technologischer Wandel und antizipative Berufsbildung. In: Zeitschrift für Berufs- und Wirtschaftspädagogik, 77, 1981

CEDEFOP (Hrsg.): Lebenslanges Lernen: die Einstellungen der Bürger. Tessaloniki 2003

Clauß, Günter/Ebner, Heinz: Grundlagen der Statistik. Für Psychologen, Pädagogen und Soziologen. 3., verbesserte Auflage Thun und Frankfurt/Main 1979

Crisand, Ekkehard: Soziale Kompetenz, Arbeitshefte Führungspsychologie 41. Heidelberg 2002

Damm-Rüger, Sigrid/Stieger, Barbara: Soziale Qualifikationen im Beruf. Eine Studie zu typischen Anforderungen in unterschiedlichen Tätigkeitsfeldern. Bielefeld 1996

Decker, Franz: Aus- und Weiterbildung am Arbeitsplatz. München 1985

Decker, Franz: Bildungsmanagement für eine neue Praxis. München 1995

Deutscher Bildungsrat: Zur Neuordnung der Sekundarstufe II. Konzept für eine Verbindung von allgemeinem und beruflichem Lernen. Bonn 1974

Faix, Werner G./Laier, Angelika, S.: Soziale Kompetenz. Das Potential zum unternehmerischen und persönlichem Erfolg. Wiesbaden 1991

Falk, Rüdiger: Betriebliches Bildungsmanagement. Köln 2000

Faulstich, Peter: Erwachsenenbildung auf dem Weg der Verschulung? Standardisierung, Modularisierung, Zertifizierung, Systematisierung. In: GdWZ 6/2004

Faulstich, Peter: Erwachsenenbildung als Ansatz der Technikgestaltung. In: Faulstich, Peter. (Hrsg.): Erwachsenenbildung als Ansatz der Technikgestaltung. Frankfurt/M. 1991

Flothow, Kay/Stratenwerth, Wolfgang/Schurer, Bruno: Förderung von Handlungskompetenz in der beruflichen Erstausbildung durch Lern- und Arbeitstechniken. Bergisch Gladbach 1992

Frank, Irmgard: Einführungsrede. In: Frank, Irmgard/Gutschow, Katrin/Münchausen, Gesa: Informelles Lernen. Verfahren zur Dokumentation und Anerkennung im Spannungsfeld von individuellen, betrieblichen und gesellschaftlichen Anforderungen. Bielefeld 2005

French, J. R. P./Raven, P. H.: The Bases of Social Power. In: Cartwright, D. (Ed.): Studies In Social Power. Ann Arbor 1959

Frey, Dieter/Peus, Claudia/Jonas, Eva: Soziale Organisationen als Centers of Excellence mit Menschenwürde. In: Maelicke, Bernd (Hrsg.): Personal als Erfolgsfaktor in der Sozialwirtschaft. Baden-Baden 2004

Freyer, Walter: Sport-Marketing. 3., vollständig überarbeitete Auflage. Dresden 2003

Gahlen-Klose, A.: Ehrenamt – Fit für die Zukunft? Argumentationshilfe zur Konzipierung einer Qualifizierungsoffensive 1998 (unveröffentlichtes Manuskript)

Graf Strachwitz, Rupert: Die Enquete-Kommission des Deutschen Bundestages zur Zukunft des bürgerschaftlichen Engagements. In: Grundlagen der Weiterbildung (GdWZ) Nr. 1, 15. Jahrgang, Februar 2004

Haag, Michael: Sponsoring-Konzept. Unveröffentlichtes Skript. Putzbrunn/München 2003

Hacker, Winfried: Arbeitspsychologie. Psychische Regulation von Arbeitstätigkeiten. Bern 1986

Hacker, Winfried: Allgemeine Arbeitspsychologie. Psychische Regulation von Wissens-, Denk- und körperlicher Arbeit. 2., vollständig überarbeitete und ergänzte Auflage, Bern 2005

Hermanns, Arnold: Entwicklungen und Perspektiven im Sportsponsoring. Seminar Sportökonomie, Fachhochschule München. 17.5.2004 (Foliensatz)

Heyse, Volker/Erpenbeck, John: Der Sprung über die Kompetenzbarriere. Kommunikation, selbstorganisiertes Lernen und Kompetenzentwicklung von und in Unternehmen. Bielefeld 1997

Heyse, Volker/Erpenbeck, John: Kompetenztraining. 64 Informations- und Trainingsprogramme. Stuttgart 2004

Holz, Heinz/Koch, Johannes/Schemme, Dorothea/Witzgall, Elmar (Hrsg.): Lern- und Arbeitsaufgabenkonzepte in Theorie und Praxis. Bielefeld 1998

Hossiep, Rüdiger/Mühlhaus, Oliver: Personalauswahl und -entwicklung mit Persönlichkeitstests. Göttingen 2005

Jung, Hans: Personalwirtschaft. München 2005

Karsten, M.: Die neue ehrenamtliche Arbeit. In: Müller, Siegfried/Rauschenbach, Thomas (Hrsg.): Das soziale Ehrenamt – Nützliche Arbeit zum Nulltarif. 2. Aufl., Weinheim/München 1992

Katz, Robert L.: Skills of an Effective Administrator. In: Harvard Business Review. January/February 1955

Kauffeld, S./Grote, S.: Kompetenz – ein strategischer Wettbewerbsfaktor. In: Personal 11, 2002

Kellner, Wolfgang: Informelles Lernen im freiwilligen Engagement. In: GdWZ 1/2004, S. 27-29

Kirkpatrick, Donald L.: Evaluating Training Programs, The Four Levels. 2nd Edition. San Francisco 1998

Kotler, Philip/Armstrong, Gary: Principles of Marketing. 8th Edition. Upper Saddle River 1999

Lange, Henning: Anforderungen an die Akzeptanz von Weiterbildungsangeboten. Erfahrungen und Konsequenzen aus der Sicht der Johanniter. In: GdWZ 2004, Heft 6, 15. Jg.

Lell, Judith: Chancen und Grenzen des Sozio-Sponsoring – Imagewirkungen eines Kommunikationsinstruments. Eine Fallstudie. Magisterarbeit München, 30. September 1999

Lewin, Kurt/Lippitt, Ronald/White, Ralph K.: Patterns of Aggressive Behavior in Experimentally Created „Social Climates". In: Journal of Social Psychology 10, 1939

Lichtenberger, Yves: Herausforderungen der Arbeitsorganisation in Frankreich. In: QUEM (Hrsg.): Kompetenzentwicklung '99. Aspekte einer neuen Lernkultur – Argumente, Erfahrungen, Konsequenzen. Münster/New York 1999

Liebhäuser, Peter: Personalwesen. In: Johanniter-Unfall-Hilfe e.V. (Hrsg.): Handbuch der Johanniter-Unfall-Hilfe e.V., Oktober 2000

Loos, Wolfgang: Coaching für Manager. Landsberg am Lech 1991

Maßmann, Jens: Führungs- und variable Vergütungssysteme in Nonprofit Organisationen. In: Maelicke, Bernd (Hrsg.): Personal als Erfolgsfaktor in der Sozialwirtschaft. Baden-Baden 2004

McGregor, Douglas: Der Mensch im Unternehmen. Düsseldorf/Wien 1970 (Original: The Human Side of Enterprise 1960)

Meffert, Heribert/Burmann, Christoph: Wandel in der Markenführung – vom instrumentellen zum identitätsorientierten Markenverständnis. In: Meffert, Heribert / Burmann, Christoph / Koers, Martin (Hrsg.): Markenmanagement. 2. Auflage, Wiesbaden 2005, S. 19-36

Meifort, Barbara: Vorwort. In: Franke, Guido: Facetten der Kompetenzentwicklung. Bielefeld 2005

Mertens, Dieter: Schlüsselqualifikationen – Thesen zur Schulung für eine moderne Gesellschaft. In: MittAB 1, 1974; vgl. auch MittAB 2, 1991

Müller, Siegfried et. al.: Vom öffentlichen und privaten Nutzen des Ehrenamts. In: Müller, Siegfried/Rauschenbach, Thomas (Hrsg.): Das soziale Ehrenamt – Nützliche Arbeit zum Nulltarif. 2. Aufl., Weinheim/München 1992

Müller-Merbach, H.: Fünf Eigenschaften zeichnen die gute Führungskraft aus. Denn was nutzt Mut ohne Kreativität? Blick durch die Wirtschaft. 13. Juli 1993

Münch, Joachim: Personalentwicklung als Mittel und Aufgabe moderner Unternehmensführung. Bielefeld 1995

Nonaka, Ikujiro/Takeuchi, Hirotaka: Die Organisation des Wissens. Wie japanische Unternehmen eine brachliegende Ressource nutzbar machen. Düsseldorf 1997; Original: The Knowledge-Creating Company, Oxford 1995

Ohne Autor: Ehrenamtlichkeit im Wandel. Editorial. In: Grundlagen der Weiterbildung (GdWZ) Nr. 1, 15. Jahrgang, Februar 2004

Olfert, Klaus: Kompakt-Training Personalwirtschaft. 4., aktualisierte Auflage. Ludwigshafen 2004

Pascale, Richard T./Athos, Anthony A.: The art of japanese management. London 1981; deutsch: Geheimnis und Kunst des japanischen Managements, München 1982

Peter, Laurence J./Hull, Raymond: Das Peter-Prinzip oder die Hierarchie der Unfähigen. Reinbek bei Hamburg 1972; Original „The Peter Principle". New York 1969

Peters, Tom/Waterman, Robert H., jr.: In Search of Excellence. Lessons From America's Best-Run Companies. New York 1982; deutsch: Auf der Suche nach Spitzenleistungen. Was man von den bestgeführten US-Unternehmen lernen kann. 5. Auflage, Landsberg/Lech 1994

Rabe-Kleberg, U.: Wenn der Beruf zum Ehrenamt wird. In: Müller, Siegfried/Rauschenbach, Thomas (Hrsg.): Das soziale Ehrenamt – Nützliche Arbeit zum Nulltarif. 2. Aufl., Weinheim/München 1992

Rahn, Hans-Joachim: Unternehmensführung. 5. Auflage, Ludwigshafen 2002

Reisse, Wilfried: Schlüsselqualifikations-Katalog für Prüfung und Zertifizierung in der Berufsbildung. Bundesinstitut für Berufsbildung, Berlin 1995 (Manuskript)

Reisse, Wilfried/Geb, Natalia: Schlüsselqualifikationen als Grundlage für Prüfung und Zertifizierung in angelsächsischen Ländern. In: Reisse, Wilfried (Hrsg.) Schlüsselqualifikationen und Prüfungen – psychologisch gesehen. Vorgelegt beim BIBB UA1 „Schlüsselqualifikationen in Prüfungen und Lernerfolgskontrollen" (Projekt 2004) am 19.10.1995, Berlin 1995

Reisse, Wilfried/Lippitz, Margarete/Geb, Natalia (Hrsg.): Integrierte Prüfung. Bielefeld 1997

Rogers, Carl R.: A theory of therapy, personality, and interpersonal relationships, as developed in the client-centered framework. In: Koch, S. (Ed.), *Psychology a study of a science,* Vol. 3. New York 1959. Deutsch: Eine Theorie der Psychotherapie, der Persönlichkeit und der zwischenmenschlichen Beziehungen. Entwickelt im Rahmen des klientenzentrierten Ansatzes. Gesellschaft für wissenschaftliche Gesprächspsychotherapie. Köln 1987

Schemme, Dorothea: Erfassung und Dokumentation von Kompetenzen aus der Sicht von kleinen und mittleren Unternehmen (Modellversuch). In: Frank, Irmgard/Gutschow, Katrin/Münchausen, Gesa: Informelles Lernen. Verfahren zur Dokumentation und Anerkennung im Spannungsfeld von individuellen, betrieblichen und gesellschaftlichen Anforderungen. Bielefeld 2005

Schnelle, E.: Metaplan-Gesprächstechnik. Kommunikationswerkzeug für die Gruppenarbeit. Quickborn o. J.

Schraub, Markus: Gesundheitliche Auswirkungen des Dienstes in der Freiwilligen Feuerwehr. Eine Studie zu Belastungen und Stressreaktionen von Feuerwehrleuten in Mittelhessen. Englisch: Sanitary effects of the service at the volunteer firefighters. A study of burdens and stress reactions at firefighters in Middlehessia. Philipps-Universität Marburg 2003

Sekretariat der Ständigen Konferenz der Kultusminister der Länder (Hrsg.): Handreichung für die Erarbeitung von Rahmenlehrplänen der Kultusministerkonferenz für den berufsbezogenen Unterricht in der Berufsschule und ihre Abstimmung mit Ausbildungsordnungen des Bundes für anerkannte Ausbildungsberufe. Bonn 2000

Sonntag, K./Stegmaier, R./Müller, B./Baumgart, Ch./Schaupeter, H: Leitfaden zur Implementation arbeitsintegrierender Lernumgebungen. BIBB (Hrsg.) Materialien zur beruflichen Bildung 108, Bonn o. J.

Sonntag, Karlheinz/Stegmaier, Ralf: Personalentwicklung und Unternehmensperformance. In: Sonntag, Karlheinz (Hrsg.): Personalentwicklung in Organisationen. 3., überarbeitete und erweiterte Auflage. Göttingen 2006

Stahl, Thomas/Angress, Alexandra: Europa als Chance oder Einmischung. In: QUEM (Hrsg.): Kompetenzentwicklung 2001. Tätigsein – Lernen – Innovationen. Münster/New York 2001

Staudt, Erich/Kriegesmann, Bernd: Weiterbildung: Ein Mythos zerbricht. In: QUEM (Hrsg.): Kompetenzentwicklung '99. Aspekte einer neuen Lernkultur – Argumente, Erfahrungen, Konsequenzen. Münster/New York 1999

Stroebe, Rainer W.: Grundlagen der Führung – mit Führungsmodellen. Arbeitshefte Führungspsychologie 2. 12., überarbeitete Auflage. Frankfurt 2006

Tiemann, Heinrich: Sozialstaatlicher Umbau – Herausforderungen und Chancen für die Sozialwirtschaft. In: Maelicke, Bernd (Hrsg.): Personal als Erfolgsfaktor in der Sozialwirtschaft. Baden-Baden 2004

Waterman, Robert H. jr./Peters, Tom/Phillips, J. R.: Structure is not Organisation. In: Business Horizons 23, June 1980

Weinberg, Johannes: Kompetenzlernen. In: QUEM-Bulletin, Heft 1, 1996

Weinert, Franz E. (Hrsg.): Leistungsmessungen in Schulen. 2. Auflage. Weinheim 2001

Weiß, Reinhold: Erfassung und Bewertung von Kompetenzen. In: QUEM (Hrsg.): Kompetenzentwicklung '99. Aspekte einer neuen Lernkultur – Argumente, Erfahrungen, Konsequenzen. Münster/New York 1999

Wessels, C.: Das soziale Ehrenamt im Modernisierungsprozess. Pfaffenweiler 1994

Wittwer, Wolfgang: Übergreifende Aspekte im Kontext der individuellen Dokumentation von Kompetenzen. In: Frank, Irmgard/Gutschow, Katrin/Münchausen, Gesa (Hrsg.): Informelles Lernen. Verfahren zur Dokumentation und Anerkennung im Spannungsfeld von individuellen, betrieblichen und gesellschaftlichen Anforderungen. Bielefeld 2005

7. Sachregister

8. Zur Person des Autors

Prof. Dr. Rüdiger Falk

Leiter des dualen Diplomstudiengangs Sportmanagement (seit 1998). Gründungsdekan des Fachbereichs Betriebs- und Sozialwirtschaft des RheinAhrCampus Remagen der Fachhochschule Koblenz, Direktor des Instituts für Sportmanagement und Sportmedizin (ISS) der Fachhochschule Koblenz.

Lehrgebiete:

Personalwirtschaft, Human Resource Management, Betriebliche Bildung, insbesondere Weiterbildung, Marketing, Personal- und Organisationsentwicklung im Sport, Sportmarketing und Marketing.

Beruflicher Werdegang:

Studium der Wirtschaftswissenschaften und Berufspädagogik an der Universität zu Köln (1972-1977), 1982 Promotion zum Dr. rer. pol. an der Universität zu Köln, 1978-1986 in verschiedenen Positionen im Institut der deutschen Wirtschaft, Köln, 1986-1992 Geschäftsführer der Fortbildungsakademie der Wirtschaft (FAW) GmbH, 1992/93 Vorstand der FAW-Muttergesellschaft I. a. F., 1993-1998 Professor für Personalwirtschaft/Berufspädagogik an der Fachhochschule Ludwigshafen, seit 1998 an der Fachhochschule Koblenz, RheinAhrCampus Remagen.

Sonstige Funktionen:

Unter anderem Vorsitzender der Landeskommission für duale Studiengänge des Landes Rheinland-Pfalz (seit 2004), von 1994-2005 beratender Forschungsprofessor beim Bundesinstitut für Berufsbildung, Bonn/Berlin (BIBB), Visiting Faculty der University of North Carolina at Greensboro (UNCG), Joseph M. Bryan School of Business and Economics, USA.

Veröffentlichungen (in Auswahl ab 2000):

Rüdiger Falk: Betriebliches Bildungsmanagement. Arbeitsbuch für Studium und Praxis. Köln 2000

Rüdiger Falk: Betriebliches Weiterbildungsmanagement – Employability for Employment? In: Handbuch der Aus- und Weiterbildung, Oktober 2000, S. 1-26

Rüdiger Falk/Raphael Breidenbach/Christoph Niessen: Come on girls, let's play BASKETBALL. Schorndorf 2002

Rüdiger Falk/Christopher Klinger: Corporate University: neue Form der Weiterbildung? In: Handbuch der Aus- und Weiterbildung, Oktober 2003

Rüdiger Falk: Personalwirtschaft für Dienstleistungsbetriebe. Personalmanagement für Betriebe der Gesundheits- und Sozialwirtschaft sowie für Sportvereine und Sportverbände. Aachen 2004

Rüdiger Falk/Reinhard Zedler: Strategisches Ausbildungsmarketing. In: Schwuchow, Karlhein/Gutmann, Joachim: Jahrbuch Personalentwicklung 2006. München 2006, S. 49-53

Rüdiger Falk: Human Resource Management. Neue Herausforderungen an das Personalwesen. Remagen 2006